时光里的花园

摄影　SASA

HEYDEAR

Garden

跟着海妈探花园

海蒂的花园　编

中国林业出版社
CFPH
China Forestry Publishing House

创作团队　策划：海蒂的花园

统筹：海妈

撰稿及图片提供：柚子、然、小黄、米虾、章平、阿虹、海螺姐姐、丹晨、猫姐、陈老师、SASA、丹丹、小葵、猫猫、小白、藤叶暖暖、XIN、福子、校长、sunny、小睡神、树姐、钟柳、中中、图克、居居、千张、午阳、小夏、关语、大姚

图书在版编目（CIP）数据

跟着海妈探花园 / 海蒂的花园编 . -- 北京 : 中国林业出版社 , 2023.1（2024.5 重印）
ISBN 978-7-5219-1921-9

Ⅰ . ①跟… Ⅱ . ①海… Ⅲ . ①园林植物－观赏园艺 Ⅳ . ① S688

中国版本图书馆 CIP 数据核字 (2022) 第 190266 号

花园时光 GARDEN TIME

图书策划　花园时光工作室
策划编辑　印　芳
责任编辑　印　芳　赵泽宇
营销编辑　王思明　蔡波妮　刘冠群
装帧设计　今亮後聲 HOPESOUND 2580590616@qq.com · 核漫

出版发行　中国林业出版社有限公司
服务热线　010-83143565
网上订购　zglyebs.mall.com
官方微博　花园时光 gardentime
官方微信　中国林业出版社

印　　刷　鸿博昊天科技有限公司
版　　次　2023 年 1 月第 1 版
印　　次　2024 年 5 月第 3 次印刷
开　　本　710mm × 1000mm　1/16
印　　张　15
字　　数　240 千字
定　　价　88.00 元

中国林业出版社
官方旗舰店

前　言

种好一棵花，便拥有了花园

今天是 2022 年的 9 月 12 日，《跟着海妈探花园》这本书终于定稿了。

在编书的这段日子，我一直在想，我们种花和花园究竟有什么关系。更多的地，更大的栽种空间，才算是一座花园吗？

我去过国外的很多花园。那些知名的花园，我都尽可能去拜访。很多主人谈起自己花园的时候，总是非常不好意思地说：“我的花园比较小，仅仅三公顷……”我就觉得脑壳晕。因为当时我已经竭尽全力造了“海蒂的花园”，大约是 2000 平方米。我自认为我的花园已经很大了，然后别人都是以公顷为单位的，直接被打败了！

我们对于花园一般的理解，就是要有一定的种植面积，里面种着各种植物，有各种昆虫来这里安家，对，好像这样才是一个真正的花园。

种花、造园十几年以后，我有了一个感悟，那就是，我们的花园，其实是无边界的。花园当然可以大到一公顷、十公顷，但也可以小则一盆完整的植物，活的、有生命力的、正在生长的、随时间变化的植物。一盆植物其实也一样具备花园的要素，有因地制宜的生态平衡，四季变化和色彩，以及它的气质。它跟花园是一样的，只是它是微观的。所以我觉得，种好一棵花，便拥有了一个花园。

我在访问花园的时候，只在意花园主人对植物的爱，对自然的态度。这才是最感染我的。我并不在意，这个主人的花园有多大，种的植物有多么的昂贵。因此，我常常会被街头巷尾那些用破脸盆种的花，油漆桶、泡沫箱种的花儿感动。这些街头巷尾并不名贵的蜀葵、百合，上面还覆着鸡蛋壳和花生壳，但它们在主人的心中，就是花园。相反，有的人拥有大大的花园，他们的花园有专门的园丁在打理，他却叫不出花园植物的名字，感觉不到这些植物四季的变化，体会不到植物发芽的喜悦，也无法体会冬季花园的蓄势和隐忍。这些花园的主人，真的拥有花园吗？

所以，花园是一个随着时光流转的自然世界，是可以让人感受巨大生命力的生命体，无论它是大还是小，无论是水草丰茂，还是只有一盆花，你只要热爱它，并尝试去栽种，那你就拥有了一个花园。

这本书主要介绍了各个地域花友的花园案例，包括庭院、露台花园、阳台及室内花园三部分，主要从我们微信号上花园拜访的案例中精选而来，并经过补充访问、修改精编而成。它们都非常有代表性。无论是面积大一些的室外庭院，还是小一些的室内空间，相信对你打造自己的花园都有很好的参考意义。让我们一起走进它们！

2022 年 9 月 12 日

目　录

Part 1
庭　院　花　园

Part 2
室　　内　　阳　　台

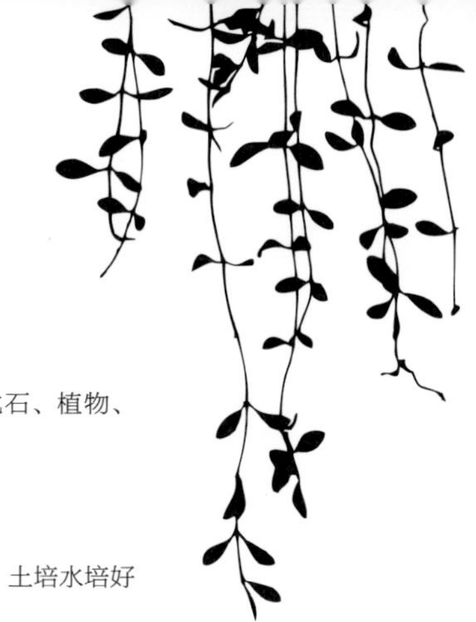

Part 3

露　台　花　园

摄影　丹晨

庭院花园

Part 1

时光里花园

——新疆禾木，最低 –45℃，冬天长达 7 个月，造一座村舍风花园

世界因不一样而美好，每个人都有自己的选择，既然做选择就有得有失，不要后悔，无愧于心就好。

花园名称：禾木时光里花园

坐标：新疆禾木

面积：300m^2

朝向：全日照

园龄：5 年

花园特色：在冬季长达 7 个月的新疆，追花种花，用 5 年时间打造四季分明的梦幻花园

禾木位于新疆北部，冬天长达 7 个月，最低气温达 -45℃，无霜期仅不到 80 天。湖南花友 SASA 在这个遥远的地方定居，用 5 年时间，打造了一个花园。

寒来暑往，她看到过盛开的花海、浩瀚的星空、梦幻的晨雾、灿烂的晚霞……看到了无数美到想要落泪的景色。她说："在花园的每一天都觉得何其有幸，每一个春天都要比去年爱这里更多一点。"

寻找虞美人盛开的山坡

"不要问我为什么选择这样的生活，虞美人开满了山坡。"

雨后的禾木村

8 年前，SASA 在长沙工作。那时她与很多生活在城市中的女孩一样，有份稳定的工作，喜欢漂亮裙子，发愁着又长胖了怎么办。日常平静安稳，但不知为何，心里总是茫然无措的，好像总在寻找着什么。这时，她看到了朋友小欧的这句话。于是独自一人前往新疆，去寻找虞美人盛开的山坡。

那是 4 月底的伊犁，正值虞美人花期，火红的花朵在一个又一个山坡上燃烧着，延绵不绝。

“噢，原来我想要的，是这样的生活”，她在心里对自己说。

● 虞美人开满了山坡

禾木是 SASA 来新疆的第一个目的地，也是她最喜欢的地方。此后她每年都会来到这里，直到第 4 年，她辞去了工作，决定在这里种一院花，开个民宿，追寻梦想中的生活。

院子就在禾木河边，800 多平方米，栽种区 300 多平方米。第一次种花，就种下满院子的虞美人，还有向日葵和波斯菊。原以为无法成活多少，没想到那年简直风调雨顺，都开得特别好。

SASA 的房间朝向东南，在冬天从早到晚阳光都能晒进屋里。冬天里无所事事，她常一个人坐着等雪，看书烤火嗑瓜子，暖暖的阳光一整天都会温柔地洒在身上。

在新疆种花，被天气教做人

第一年，SASA 追了整个冬天的“园艺世界”。用她的话说，“简直打开了新世界的大门！”于是疯狂买种子，买球根，但没想到，此后的日子，会被禾木的天气一次次教做人。

禾木春夏秋都常有霜冻，5 月开春了还经常下雪。4 月冰雪消融，一些植物迫不及待地窜出头来，一旦打霜就会被冻坏。SASA 每晚都得遮盖保温，早上再揭开……花园里到处是她打的“补丁”。即使这样，倒春寒来时，还是会冻坏不少。

百合就经常遭遇霜冻。2021 年 5 月 20 日，下过一场雪后，气温马上飙到 30℃，倒春寒后仅存的二十几棵新疆百合，消苞了一大半，郁金香和大花葱也消苞不少；6 月才把育苗的大丽花移栽到地里，结果下旬还是打霜了……

5 月是买买买的季节，但愿意发货的商家不多，毕竟实在过于遥远。五六天到达布尔津县，还得找代收用两三天带上山。SASA 请求卖家发货，要求低到“卑微”：“运费好说，折断不找事、根子没死透就行了……”

最难的是秋植球根。大部分 11 月才

花园里的大花飞燕草

百合

到货，但 10 月土就开始上冻了。2021 年冻土太深，实在挖不开地，SASA 就请了一个师傅用电锤把地给钻开。用了 2 天才把 300 多个球种下去，然而最后长出来了不到 30 个。

但花期来临时，这些都变得不值一提。2022 年花园的春天，是 5 月 17 日来的。一棵小小的原生郁金香的第一朵花，迎着霜雪绽放。飞燕草、鲁冰花、虞美人、耧斗菜开得正好，再过一阵百合就要开了；8 月是翠菊，SASA 种了很多温柔的马卡龙色，还单独种了一片虞美人和向日葵，也在 8 月盛放。

这段时间 SASA 总是早早醒来，迫不及待去花园，每有新的花开了，常开心到尖叫。日落时分浇水时，也会对着花看好久好久。

到了 9 月，就要面对戛然而止、满目霜雪冻坏的花园。但此时所有的树，都会变成灿烂的金色。

冬天也很美，院子盖着厚厚的雪，白桦树被积雪压弯了腰，变得特别打眼；还有一棵欧洲荚蒾，会挂满红红的果子，特别可爱，整个冬天都有小鸟来吃。

虞美人盛开

大滨菊

阿尔泰山花海

在全国各地追花摄影

喜欢花的人来新疆，一定会非常幸福。从 4 月下旬开始，山上林下的白头翁、顶冰花、侧金盏就开始开放，到了 5 月，各种颜色的野花，像毯子一样以惊人的速度铺满整个山头，无边无际的野生全缘铁线莲花海也在进行时 。

“如果这时来禾木，希望你能多住一天，去村外的吉克普林大草原，对着这无边的花海或尖叫狂喜或无声地泪流满面”，SASA 说。

SASA 痴迷拍花，找到空档就会去；过了民宿的营业季，也会去其他地方拍花。这些年，她在伊犁和阿勒泰的很多地方，都追过花。追花的最大难点在于确定时间。春天来的时间不是固定的，有些年份早，有些年份晚，“但是追到了就真的是太满足了。”像去伊犁追杏花，她追了 4 次才追到。

SASA 还去过 4 次南疆塔县帕米尔高原拍杏花。每次去都会给当地人拍很多照片，等下次去时再带给他们，他们会特别开心。每次去都能明显感觉到当地的生活在变好。第一次去时，住的房子又破又烂，晚上睡觉时，土还会往脸上掉。

2021 年再去，政府把路修好了，房子修好了，吃的用的也都好了很多，小孩子读书也有专门的人负责……条件改善了很多很多。聊起这些变化，当地人特别开心，SASA 也觉得非常美好。

SASA 还去了四川绵阳追辛夷花。在山上足足待了一个星期，山里所有的叔叔阿姨都认识她了。7 天的时间，SASA 看到了辛夷花在晴天时的样子，在雨中的样子，起雾时的样子。她说：“等待一朵花开的过程，是特别美妙的。”

SASA 还拍了很多风光大片。很多照片的背后，是难以想象的辛苦。有一张照片，是她在零下二三十摄氏度的气温下，徒步 3 个小时才拍到的，那天的头发，都冻成了冰。

冬天的伊犁天鹅湖

吉克普林草原

上面这张图片，是在禾木的吉克普林草原拍到的。秋天的早晨温度已经是零下，骑三轮车从院子到这里时，已冻得手脚冰凉没有知觉。而为了拍到雨后有雾、叶子正好的时候，她每天一大早日出之前就骑车去等光，等了 4 天，才遇见这样一个瞬间。SASA 常在微博分享这些动人的图片，生活在城市的我们，看到都无比羡慕，也钦佩她的勇气。

秋天喀纳斯的雪景

当同龄人大多结婚生子，过着安稳生活的时候，SASA觉得："世界因不一样而美好。每个人都有自己的选择，既然做选择就有得有失，不要后悔，无愧于心就好。"

在禾木与自然与植物相处的时光，让SASA变成和从前完全不一样的、更喜欢的自己，那种从心底溢出的满足感，常让她觉得无比幸福，快乐。

SASA分享新疆等寒冷北方种花心得

1. 植物的选择

一定要种生长特别快的。

如玫红永生菊，生长速度特别快，4月17日播种，6月底就开出了第一朵花，而且花期很长，又特别适合做干花。

一年生植物：矮生矢车菊、翠菊（提前育苗）、向日葵（不能太高大，否则来不及开花）、蕾丝花、茴香、虞美人、金盏菊、羽扇豆等。

多年生植物：花菱草、大花飞燕草、虞美人、福禄考、赛菊芋；亚洲百合、虎皮百合（早春需要防护）、卷丹百合；耧斗菜、珍珠蓍、芍药、蓝刺头、紫斑风铃草、刺芹、唐松草、郁金香（栽种比较困难，到货晚土地就上冻了）、松果菊、大滨菊。

以上种类经过多年考验，在极寒年份都没有问题。

2. 盆栽植物土壤的干湿循环

到了9月霜冻，对有些植物进行修剪，然后覆盖大概10cm的牛粪土，极寒年份还是会有植物冻死。下雪后不能够把花上的雪扫掉。如果扫掉了可能会冻坏。

莲园

——北京种植控，超 1000 种植物，花园分区明确，且四季可赏

园艺让人更加宁静，祥和、纯粹、乐于分享，这是一种植物性，爱种花的人都这样。

主人：海螺姐姐

名称：莲园

坐标：北京昌平

面积：花园 700m²，露台 120m²，屋顶 200m²

特色：极具实用性和观赏性，且整个花园无死角。

清晨醒来，海螺姐姐为家人熬上清粥，顾不得梳洗打扮，便穿戴好工装，开始巡园。修剪长势越界的植物、残花，去除枯枝败叶，拔除杂草，绑缚植物……每天花上一两个小时把花园清理一遍。

到太阳下山，再去看看是否有植物需要补水。日拱一卒，长此以往，莲园即使在酷夏，也一点都没有杂乱荒芜的感觉，永远郁郁葱葱、芳香四溢。冬日里的花园结构，各种植物线条，杂货也极具观赏性，让这座北方花园真正做到了三季有花，四季有观赏性。

莲园是先生在2009 年送给海螺姐姐的生日礼物，一个立体空间的花园。

经过多年打造，花园功能分区明晰，功能完整，细节动人，故事性很强。从西向东依次为：西

入户花园与中院的分割区

被白雪覆盖的花园

门口安置了沙发椅，摆上很多盆栽、太阳能台灯，供路人观赏和休憩。

入户花园、中院生活花园、东院园艺活动区、北院阴生低维护花园、露台铁线莲盆栽花园、屋顶观赏草宿根花园。植物种植从大门口花境区到砂砾花园，到英式花境，到草坪、岩石园，再到自然花境、蔬菜花园……种植疏密有致，跌宕起伏。

来访的朋友不用记门牌号，小区里繁花盛开之处就是莲园。今年海螺姐姐还特意在门口安置了沙发椅，摆上时令插花、太阳能台灯，供路人休憩。

俯瞰花园

廊架与倒挂的紫藤让花园多了很多空间感

入户花园的北面种植区

进门的前院透过窗户与矮墙，每个路过的人都能感受到院内的善意与生机。有三个种植区和一个盆栽展示区。

为了整洁易打理，四季有观赏性。北面种植区围绕北美海棠‘红宝石’，做了自然花境，大部分留白。

南面种植区围绕朋友送的一树琼花做了砂砾花园，搭配各种小型灌木绣线菊、小型观赏草、鸢尾、松柏等长势缓慢的植物。中间花坛则主要是常绿植物，蓝松是主角，玉簪、萱草、蓝色矮牵牛等应季草花作为点缀，旁边是灵活的盆栽区。

中院花园是客厅和餐厅的延伸。

“莲园也许不是最好看的花园，但可能是实用性最高的花园。”

若是被院中的景致吸引，莲园不会将你拒之门外，大可拾级而上，穿过紫藤花廊，来院里小坐。

入户的砂砾花园

水系附近的花境

从前院进来，是以娱乐休闲为主的中院花园，包含花园厨房餐厅区、水系、烧烤区、岩石花园、花房和工具房。

花园厨房餐厅区位于花园的正南面，从室内延伸出来，是一个半开放的空间，也是花园与住宅的过渡，是海螺姐姐料理和园艺两大爱好的完美结合。这里安装了餐桌，操作岛台，水电等设施，花园里制作各种美食很是便利，朋友来访都直接到这里就座。厨房餐厅的打造，还扩大了露台花园的面积，阳光极好，既满足了种植欲望，又是观星赏月的极佳地。

花园烧烤区

花园生活区

水系附近的自然花境经过多年调整，已经颇为成熟。4 月的丁香和海棠是花园的“红玫瑰”和“白月光”。

到了秋天，银杏果多会丰收，去皮冷冻起来，煲汤熬粥很是惬意。

烘焙是海螺姐姐的另一大爱好。 在花园里种了很多蔬果，花园取材做番茄酱、菊花火锅等等，将花园的功能性发挥到极致。

烧烤区的南瓜烤炉出产美味的烤羊排、烤面包，以及众人期待的烤火鸡。

为了使火鸡入味，口感滑嫩，海螺姐姐每次要提前用香料腌制半月左右，其间每天给火鸡做按摩。 她自豪地说：“朋友们都夸赞原来火鸡可以这么好吃！”

海螺姐姐自制的烤火鸡

4 月的丁香和海棠

花房冬日夜晚最低温度 5℃，中午最高 28℃，既是冬季花草的贮藏室，也是冬日里的花园餐厅和书房，是花园生活的延续。多肉植物、天竺葵、仙客来、蝴蝶兰等植物把这里装点得春意盎然，亲朋好友人围炉在这里吃着火锅，喝茶聊天，暖意洋洋。

岩石花园为了与屋顶低维护摄影花园“莲园之上”呼应，充分利用阳光，种植耐寒、耐热、耐旱的各种植物，并在它的后面，制作一组砖木玻璃混合的冷床，既是岩石花园的背景，也是冬季植物的收纳处。

东南角的工具房是海螺姐姐的小城堡，周围鲜花环绕，每次用完的工具整齐归位。闲时就在这里擦拭工具、静坐发呆，权当修行。

莲园有 400 多种铁线莲，100 多种月季，其中有一半都在露台，这里像是铁线莲的展区，更是海螺姐姐能够坐下来放松休憩的港湾，夜晚躺坐在沙滩椅上数星星，直到困得睁不开眼才不舍地回屋。

北院阴生低维护花园，丰富莲园的花园形态，让花园整体统一无死角，从室内厨房餐厅看过去，赏心悦目，室内外交相辉映，花园生活体现淋漓尽致。北院有四层观赏植物，院外乔木林立为第一层，各种枫树、东北杜鹃为第二层，玉簪、耐寒蕨类、肺草、牛舌草等为第三层，筋骨草、景天类、过路黄等地被植物为第四层，再搭配各种杂货，做到全年富有观赏性。

北面阴生低维护花园

莲园之上，以观赏草和宿根植物为主

屋顶“莲园之上”观赏草宿根摄影花园，不仅是一个种满观赏草和展示杂货的花园，还是一个以天空为背景，囊括日出日落、阳光、星空、云彩、灯光的摄影花园。

“没有一座花园是完美的。但，可以肯定的是，它会在我的努力下越来越好。”海螺姐姐说。

园艺让人更加宁静、祥和、纯粹、乐于分享，这是一种植物性，爱种花的人都这样。

莲园的每一株花草都是海螺姐姐亲手种下，她是种植控，现在大约有 1000 多种植物，种下去就尽力对它好，浇水施肥一样不落，至于开多少花就看缘分，享受过程就好。

海螺姐姐说：“种下的不只是花，还是当下的快乐和未来的梦，累但快乐着，园艺是一场没有终点的赛跑，我们就是奔跑在赛道上的勇士，和自己的昨天、过去相比，没有最好只有更好，一路上的风景冷暖自知，或不堪、或怡人，但终归有很多有趣点。”

在花园劳作的海螺姐姐

请推荐一下适合北方的植物?

答：其实有很多，球根植物有葡萄风信子、蓝铃花、百合、大花葱等；还有铁线莲、月季（国产月季更适合）；绣球有‘无尽夏’、‘无尽夏新娘’、圆锥绣球、‘贝拉安娜’绣球，其他还有火焰卫矛、风箱果、桔梗、山桃草、绣线菊、卫矛、须芒草、喷雪花、婆婆纳、千屈菜、观赏草、酢浆草等。

丹晨的花园

——湖南岳阳，痴迷种花 20 年，终打造自然乡村风楼顶花园

我学会用平和悠然的态度，应对生活中的挑战。

园主：丹晨

名称：丹晨的花园

面积：70m²

坐标：湖南岳阳

特色：精致的乡村风绿植阳光房，和花开四季的楼顶花园

种花 20 年资深花友，在楼顶打造和远山呼应的诗意花园，每天在晨光和鸟鸣中醒来，打理花园、赏花撸猫、看星空。

诗意的栖居

很多年前，丹晨在杂志上看到过一组照片：“一幢木石结构的老房子矗立在晨光中，房子的前院有花，后院有树，云霞在天空流淌。”至今她仍清晰记得那组图的名字——“诗意的栖居”。

从那时起，丹晨就梦想拥有一处那样的居所，“抬头远眺，低头看花，劳作静思间，空气里流淌的是风，亦是诗意和远方”。种花 20 年，历经痴迷和狂热，终于在 2017 年，丹晨拥有了一个楼顶花园。历时1年，把楼顶打造成植物的乐园，更是客厅的延伸：有精致乡村风的阳光房，有开满花的廊架，有舒适的休息区，有鲜花也有绿植，是梦想中“诗意的栖居”。

有多少人是受家人影响，而爱上种花的呢？“别人家种菜，我们家养花。”自懂事起，丹晨家阳台上的花草就没断过，很多都是母亲从朋友那里扦插繁殖而来的，然后又分享给别人。

种花20年，所有花友经历过的痴迷和狂热，丹晨都有经历过。曾在郊外废弃即将变成建筑工地的土窑里，一车一车捡花盆然后分享给花友。“都是土陶盆，简直比捡到钱还高兴”；什么花都想种，小小的阳台堆了几百盆花，家人都劝她不要种这么多，太累了，丹晨觉得累并快乐……在这个过程中，她渐渐意识到：“好的花园应该四季有景，有鲜花也有绿植，就像真正的大自然一样；同时花园也应是室内生活空间的延伸，可以在这里会客、工作、聚餐、休闲。”

北
工作区
花池
电梯间
起居室
阳光房
南园种植区
花池
南

平面手绘图

透过花园看向远方

北园休闲区

诗意的设计

围绕这个核心，丹晨亲自设计花园。她将花园划分为阳光房、南园和北园 3 个部分。

阳光房占地 20m^2，只有顶部是玻璃的，四周由砖砌成，其中三面都留有通风的门窗。不仅提升了私密感，还避免了夏季光线太过强烈。

阳光房整体风格是丹晨喜爱的乡村风和自然风：墙面粉成凹凸不平的仿白灰墙；门窗和房梁全都用的松木；地面和工作台用手工陶土砖铺就。窗帘桌布，选的则是柔软细腻的纱幔、蕾丝等，与粗糙的硬装形成鲜明对比；墙饰灯饰挂饰和家具，都是她这些年慢慢积攒下的心头好。

种满绿植的阳光房

这里阳光通透，是植物的乐园。夏天有三角梅，还高低错落地种着龟背竹、蕨类等观叶植物；春秋还会搬进许多天竺葵；到了冬天，其余怕冷的热带观叶植物也全进来了。

阳光房一角

猫咪在阳光房

北园休闲区

乡村与自然结合的花园

“那时花房满满当当，再摆进桌椅茶席和笔记本电脑，就是待上一天也不会疲劳。”

风车茉莉已经爬满半个廊架，每到四月，便会开成雪白的一片，散发出迷人的茉莉香；廊架一头的墙角，栽种了铁线莲和藤月，花开的季节像童话世界。廊架和爬藤植物的搭配，不仅让花园更加立体、有空间感，还起到了遮阴的作用，配合帘幕，创造了非常舒适的小环境。

休闲区的西墙上，丹晨设计了一个巨大的网格栅栏。上面挂满蕨类、千叶兰和常春藤等阴生垂吊植物，长得郁郁葱葱，颇有些热带雨林的味道。绿植墙下安放了一个原木色的靠椅，周围放着铜钱草、橡皮树、虎皮兰、滴水观音等观叶植物盆栽；廊架外光照充足的区域，则种了‘无尽夏’‘魔幻海洋’‘蒙娜丽莎’等绣球，‘舍农索城堡的女人’‘亚伯拉罕’‘瑞典女王’等月季，以及天竺葵等草花。

这里不仅猫喜欢，家人和朋友也很喜欢，午间小憩一下，一不小心就会梦游爱丽丝仙境。

北园休闲区

阳光房一角

北园是一条狭长的空间，也用廊架分割成休闲区和种植区。

不同的是，南园的色彩没有刻意控制，由着各种红橙黄绿自由奔放；而具有工作区功能的北园，则选择了内敛的蓝紫色作为主基调，搭配少量的白色、浅粉和其他不张扬的色调，能让内心很快安静下来。

南园休闲区耐阴植物

“诗意的栖居”让丹晨过上了诗意的生活。每天六点多起床，在清脆的鸟鸣中跑到花园看花，看太阳怎样升起。在夜晚，丹晨常待在北露台，关上灯点上蜡烛，打开音响，在花香和音乐中看星星看月亮，什么都不想，一个人一待就是一两个小时。在大雪纷飞的冬日，外面寒风凛冽，丹晨则待在暖意融融的

北园休闲区和月季‘蓝色阴雨’

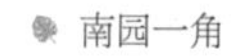

南园一角

晨光中的南园

阳光房里，被植物环绕，仿佛置身童话世界……

花园的存在，不仅美化了起居空间，还让她慢慢褪去急躁：“我学会用平和悠然的态度，对待生活中的挑战。”

丹晨的家人也越来越享受花园的存在。“我爱人是外行，但是他很乐意为我修枝，牵藤，为我做花园里的杂活。”儿子也常夸赞道：“我们家简直太舒服了。”家人的支持和认可，让丹晨倍感幸福。

莫奈曾说：“我只能爱你一生一世，可这座我种下的花园，它们的生命足够穿越宇宙，伴你永生永世。”丹晨说：“我不奢求我的花园永生，只求它能在往后的日子里，于熙攘尘世间，伴我和家人诗意地栖居。”

种花多年，您觉得哪些植物在湖南表现很好？

湖南的气候和江浙沪地区的气候比较相似，除了夏天没有台风，降雨相对少一些，所以适宜种植的植物也比较相似。

我家花园里表现好的植物主要是风车茉莉、三角梅（冬天一定要保暖）、绣球、蓝雪花、美女樱，还有各种绿植。

藤本月季、铁线莲、大丽花和天竺葵等植物爆花期很惊艳，但枯花期不美观，我会适当种植但不会大面积使用。

阳光房一角

风车茉莉花瀑布

懒猫花园

——在广东清远种月季，驯化蜡梅、圆锥绣球，折腾出月季主题花园

不管它的结果如何，你在这个过程中享受到了，陶醉其中，我觉得这就够了。

园主：懒懒的猫

名称：懒猫花园

坐标：广东清远

面积：200m²

特色：在10区，打造一座花开四季的玫瑰园

懒懒的猫江湖人称猫姐，她爱月季，江湖上传说她的手里“开出了中国第一朵欧月”。猫姐的朋友圈签名是：“即使明天就是世界末日，今天也要栽下玫瑰花苗。”她评价自己：“我是一个爱折腾的人，折腾让我快乐！”

从搪瓷盆到懒猫花园

猫姐是湖北恩施人。恩施漫山遍野的四照花和野棉花，从小刻在猫姐的骨子里，使爱花成为她的天性。猫姐小时候住过的房子阳台上摆满了种着各色小花的破搪瓷盆。后来出来工作了，无论是租的小房子，还是自己买的房子，阳台、露台、屋顶也都种满了花。作为品种控，她不满足：“什么时候有个花园啊！”

三角梅（叶子花）

三角梅

猫姐厨艺高明，为人爽朗，朋友众多，家中常年高朋满座。她想要一个如花在野的花园，猫猫狗狗可以躺在花园里晒太阳。在那里，朋友聚会也好，自己待在这个空间里也好，都有美好的环境，能融入大自然。

2012 年身体发出了警告，猫姐暂时告别了多年的媒体工作，在冬天不下雪、四季分明的清远佛冈羊角山，选中了一个带 200 平方米花园朝南的房子。2014 年 10 月女儿出国，她赶在女儿出国前搬到了这里，开启了懒猫花园的新篇章。

花园是猫姐自己设计的，施工前后花了三四个月。由于猫姐和施工人员都没有太多经验，因此完工后，花园又进行大大小小数次调整。

高低水景换成了古朴的洗手池，靠围墙又做了廊架，供新栽种的三角梅攀爬。路牙石跟路面颜色相差太大，换；休闲区的老火手工砖长青苔变黑，换！

邻居的树木长大后，一楼的通风和光照让月季长势变差。于是二楼卧室的小平台往外拓展，加了旋转楼梯，硬生生给月季找了个光照通风好的宽敞地儿……在别人看来，这如此反复折腾必是苦不堪言。猫姐为着她的喜欢，折腾得欢欢喜喜。

对月季的爱始终如一

现如今，猫姐的懒猫花园里，有她最爱的月季‘龙沙宝石’‘自由精神’‘玛格丽特王妃’‘莫里斯’‘蓝色阴雨’‘薰衣草花环’‘慷慨的园丁’‘格拉米斯城堡’‘遗产’‘音乐厅’……你方唱罢我登场。她在广东，真的拥有了一座玫瑰花园！

“月季虐我千百遍，我待月季如初恋。”猫姐说自己疯狂地喜欢月季。她最疯狂的时候，是 2007 年偶然知道了英国的“奥斯汀”。在网上搜奥斯汀的玫瑰花园，对着官网各种月季图片看了又看，百爪挠心，日思夜想，“啊，好想拥有一朵欧洲月季！好想拥有一个玫瑰花园！”

月季‘沃尔顿老庄园’

有个上海女孩子送给她两棵欧月，一棵‘遗产’，一棵‘格拉米斯城堡’。当这来之不易的月季要开花的时候，猫姐整天守着它们，看也看不够，闻也闻不够，拍也拍不够，捧着它跟个宝贝似的，这就是花痴的样子了吧！手里开出了第一朵欧月，猫姐拍了许多照片给花友们看。彼时欧月正是被国内花友们认识的阶段。猫姐终于拥有了第一朵欧月。

是不是国内第一朵不知道，但那时欧洲月季的确是非常少见的。两棵月季开完之后，有着江湖侠气的猫姐把枝条剪下来，寄给了各地会扦插或芽接的花友。到底寄了多少，猫姐自己也记不清了！

东面花园拱门

月季‘群舞’垂吊花瀑布

月季拱门

古老月季‘荼蘼’

猫姐和小狗狗

南面花园花坛

花果飘香的懒猫花园

猫姐的花园实际种植面积有100平方米，分成北面、东面、南面三块。

进门入户便是北面花园，为狭长的一绺。东北交界处地方宽敞，光照条件较好，猫姐把它留给了果树。最先这里种了青梅、鹰嘴桃。青梅淡雅清香，猫姐酿的青梅酒在朋友圈中被人称道不已，猫姐尤爱青梅那一缕清香。鹰嘴桃长势欠佳，后来换成了闺蜜极力推荐的香蜜梨，据说吃起来唇齿留香。

东面的花园猫姐做了一个月季拱门，'自由精神'和'莫里斯'组合。往前走，主休闲区烧烤台的背面做了背景墙，和廊架相对，中间是小花境。

花园一角

东面花园曾经是花草的世界，两年前初冬猫姐突然冒出来一个想法。她清理掉了全部花草，播下了芥菜、白菜心、上海青、白萝卜、胡萝卜、生菜、西芹等，3月又播下了雪里蕻、辣椒、苦苣、茴香和糯玉米，无意之

花园下午茶时间

花园下午茶时间

暖房

间实现了疫情期蔬菜自给自足。

东南角是花园的水池，周围放置了鸟食盆和滴灌盆。这个区域临近房子一边光照充足，太阳可晒到下午三四点。猫姐素爱紫藤，把光照最好的区域分配给了它，紫藤架下是猫姐的主要休闲空间，喝茶聚餐，都在这里。紧邻隔壁邻居的栅栏一边秋冬季几乎没有阳光，栅栏下种了各种蕨类，还有龟背竹。水池边的观叶植物郁郁葱葱，中间花坛上的草花一茬接一茬。

旋转楼梯过去，是猫姐辗转腾挪之后倒腾出来的杂货区。休闲区与玻璃房相连接，靠里走是一个小小暖房。虽然广东地处热带，可清远四季分明，到冬天颇有寒意。有了这个小小的暖房，待到冬日寒意袭人时，点起锅炉里柴火，正好和闺蜜们挤在沙发里青梅煮酒，围炉夜话。

在广东很多人种月季会养成绿巨人，猫姐分享了一些月季种植经验

1. 通风和光照要好。广东太湿热了，不通风，就会得好多病。不要给月季旁边种得密密麻麻。

2. 选择早上或是天气干燥晴朗的时候修剪；在雨季不要修剪，否则就会伤流，秆子黑掉；选择最冷的时候强剪；拔叶子，促进休眠。

3. 盆栽的月季每年都必须换土；地栽的月季把周围和地表刨掉一层土，再盖一层新土。

铁线莲和风车茉莉

我要竭尽全力驯化它

猫姐的折腾更多是在植物上。说起她对植物的选择标准，猫姐说自己有点怪，喜新厌旧，太好伺候、总是开花的植物，会厌倦。像在广东随便养都能爆花的花烟草、蓝雪花等，她都淘汰掉了。只要是她喜欢的，无论别人怎么说不适合 10 区气候，她也要试一试！

2007 年，她想起童年老家边的那一片牡丹，决定在广东试种。牡丹需低温春化，猫姐想了个妙招，拿袋子装上冰块捂在花盆外。最后当然失败了。说起来猫姐哈哈大笑。

有人说：“你有什么条件就做什么事，不要什么都做！”可猫姐说：“花园是放松的地方，我在做的过程中得到了快乐，这才是最重要的。”因此她抱着“与天斗其乐无穷”的心态，试过种需要一定低温条件的绣线菊、铃兰、喷雪花、铁筷子、雪片莲……

说起最乐的事，懒猫花园造好之后，海妈送了她一棵蜡梅。种了三年之后，2017 年最后一天中午蜡梅开花了，小小的几朵绽放在广东的暖阳里，猫姐很开心。还有海妈送她的中华木绣球，去年开了两次花。就那么一小朵花呀，猫姐快乐得不得了。

“小马过河，你不试一试，怎么知道河水的深浅呢？反正是玩，失败了我也就死心了。”猫姐说。

花园池塘

昙花开花

圆锥绣球开花

向日葵

三角梅‘丽莎’

经过猫姐的测试，圆锥绣球‘石灰灯’和‘北极熊’不用春化作用，可以正常开花，只是一定要保证光照好。如果修剪时间早，开花就会早，还会有机会开两季。她分享了养护经验：

1. 光照：一定要好，去年因为光照不好，就没有开花。

2. 施肥：圆锥绣球也喜欢大水大肥，冬天的底肥下得很足，腐熟的羊粪、鸡粪、骨粉、菜饼肥都会来一些，平时给月季施什么肥也会顺便给它施什么肥，给月季喷药的时候顺便给它也喷一喷。

3. 浇水：浇水很重要，盆栽每天都要浇透水，因为枝繁叶茂，一般的雨也浇不透，所以，一般下雨也要浇水。

4. 修剪：最好开花后就修剪，现在正在开花的是‘北极熊’，‘石灰灯’修剪后也长出了枝条、开始打花苞。6 月中旬，修剪底部细软枝条，将花头以下 15cm 左右剪下，给足全日照，每周施一次花卉型液肥。

围桌畅饮自酿的果酒
围炉畅谈过往的悲喜
轻酌满饮
将一腔柔肠心事悉数道来
举箸落杯
把满心的欢愉尽付眼前陪伴着的人
弹指光阴刹那芳华
不若我们坐碾淡看

“花园是很自我的东西，没有标准，试验植物也好，折腾这些玫瑰和很难伺候的植物也好，你在中间享受到了，你获得了乐趣，获得了快乐，这就够了。”爱折腾的猫姐这样来总结她在花园里的折腾。

倾听花园

——杭州，为自闭症儿童建造的五感花园，倾听他们的声音

希望自闭症孩子们的生活，能像他们的画作一样五彩斑斓。

花园名称：倾听

坐标：杭州植物园

面积：约 100m²

造园时间：5 天

设计：海蒂的花园

倾听

2021 年，在杭州植物园，我们为自闭症儿童——来自星星的孩子，打造了一个临时的布展花园。

花园的主题是“倾听”，想表达自闭症孩子的内心与普通孩子无异，希望能有更多人去倾听孩子们的心声，尊重并理解他们。

4 月 27 号下午，我们从北京抵达杭州，赶往杭州植物园。在看到花园时，很难相信这是刚建造完成的，而且前后只用了 5 天。花园里的各种月季、绣球开得那样好，植物的搭配是那样妥帖，彼此呼应，完全没有刚栽种的生硬与不自然。

花园的月季拱门和绣球‘塞布丽娜’

小伙伴们看到照片后说，“这不是布展花园，是梦中的花园”；花园设计师苹果说，这是自己从业以来，最满意的作品；很多来看展的花友，也都不由自主地走进来，久久地停留，拍照，赏花，由衷地赞叹。

美是内在和外在的结合

一丹的作品，花园色彩灵感来源

造园从来都不是浮在表面的美好，精神意义远高于植物本身。用植物去表达，去疗愈，比表面的美更重要。

我们想为自闭症儿童打造一座花园，但怎样更好地表达这个主题，是没有概念的。一直觉得，自闭症孩子只是和我们的频道不一样，他们也有自己的情感，在安静与独处中感知着这个世界。甚至有些自闭症儿童在绘画、音乐等艺术领域，都有很独特的天分。

是否可以从自闭症儿童的画作，走进孩子们的内心，表达他们的内心呢？在和设计师的沟通中，海妈提出了这个思路。从阿里巴巴做公益的老师那里，我们看到了很多自闭症孩子们的画作。这些画里有风景，有动物，有温馨的日常……色彩非常明亮、鲜艳。

于是设计师选了上面这幅画的色彩，作为花园的主基调。以画为灵感，打造五彩斑斓的花园，选用了明亮的黄色、红色、蓝色、紫色、白色等。并用枫树，以及蓝莓、李子、无花果、石榴、柚子等果树穿插其中，作为骨架。

花园整体有 $100m^2$，分为前花园、后花园，中间由一个月季拱门走廊连接。拱门下用绣球、玉簪、落新妇等打造耐阴花境。前花园是休闲区。有一大片草坪，木屋前的平台可以摆放桌凳，坐在这里喝茶聊天，便可将前区整个收入眼底。

有水的花园才会更有生命力，更有灵性，因此在前花园一角，还打造了个

花园一角的水景，骨架植物是石榴

花园水景

浅浅的生态水池。

穿过月季盛开的拱门，便是后花园。这里有两块小小的菜地，一张长椅和一个虫屋。长椅和虫屋都是海外公在成都做好运过来的。菜地里的西红柿、生菜、辣椒等蔬菜，也都是海外婆在成都就播种养起的。

大孩子也需要疗愈

这是为自闭症儿童建造的花园，希望孩子们的生活，能像他们的画作一样五彩斑斓；也希望他们能像普通孩子一样，在草坪上打滚，去戏水摸鱼，去观察昆虫，去看一朵花开，希望他们拥有快乐的童年。

在这座花园里，海妈最喜欢的是两块小小的菜地。她觉得，自闭症孩子有自己的世界，不辛苦，而他们的母亲很辛苦。

作为至亲至爱的人，她们付出的情感，很难得到回应。而栽种蔬菜，付出就会有收获。希望孩子们的妈妈，能在这个过程中得到一点点的放松、疗愈和慰藉。

虫屋、小菜地

海妈检查花园修建情况

设计师的担忧与纠结

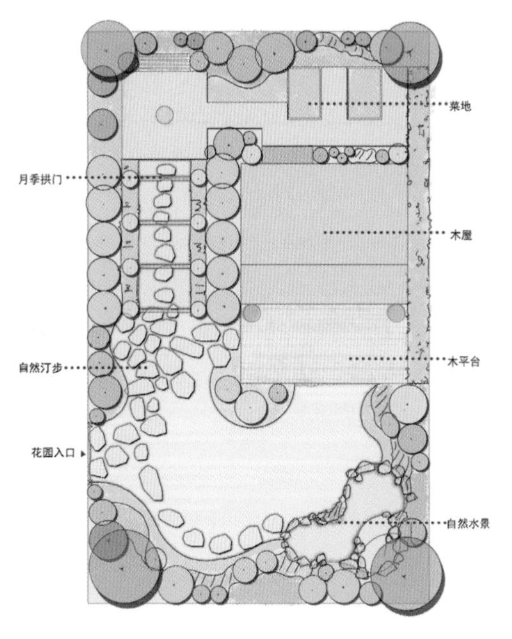

花园平面设计图

设计师苹果说，自己根本没有想到，在只有 5 个人的情况下，能在短短 5 天完成花园建造。团队的力量真的很强大！

植物到货都是在晚上，总共用两辆 6.8 米的大卡车来拉。卸货都在晚上 10 点以后，卸完都 12 点多了。杭州的天气时晴时雨，有时整整一天都在下雨。前期造景种植，基本都是在雨中完成的。

时间太过仓促，来不及细细打磨。因此刚建成那会儿，苹果有很多担忧纠结。例如色彩的搭配与过渡还可以更好，有些植物的层次还可以再优化。当大家都表示花园很漂亮时，她很惊讶，也很感动，才终于放下心来，去欣赏花园的美好。

被花围绕的休息区

大家一起坐在地上画画

28 日下午，海妈带着小伙伴再次来到花园。看到花园里的汀步石，想到可以在上面随意地画些画，去表达自闭症孩子的内心与情感。

海妈、海外公、海外婆、随行的摄影师，以及在场的所有小伙伴们，一人拿起一支笔，坐在地上聊着天，随意地画着。有路过的花友，也会邀请他们加入。

完成的画里，有花园速写，有花，有星空，有小动物，还有很多看不出是什么的画。那又有什么关系？最重要的是在这个过程中，我们表达了自己，得到了放松与治愈。这些和花园的美好是相通的。如果有更多的人，能因此去关注、去了解自闭症儿童，那对我们来说便是莫大的奖励。

画出来的“海蒂的花园”

海妈和海外公一起画的作品

盛开的月季花拱门和大花绣球

藤本月季下搭配玉簪、大花绣球、落新妇等植物

月季花拱门，底下搭配了大花绣球和其他草花

蓝莓

花园打造 tips

1. 先确定大的功能分区，如休闲区、生活区、水景区等。

2. 再定花园的色调，并在此基础上选择适合所在区域的植物。

3. 确定骨架植物以及结构，如高大的树，再安排填充植物。

4. 栽种时先把大的骨架植物如高大的乔木，摆放妥当，定点，确定花园的结构，再搭配矮一些的灌木，像月季等植物，最后用草花填充。

植物清单

月季：‘遮阳伞’‘蓝色阴雨’‘卡特道尔’‘红色达芬奇’‘红色木香’‘红色天鹅绒地毯’‘红色烧鹅’‘超微’‘浪漫宝贝’‘蜻蜓’‘失忆’‘芒果浪漫’‘雪月’‘艾拉绒球’等。

绣球：‘无尽夏’‘珍贵’‘爱你的吻’‘落跑新娘’‘姬小町’‘塞布丽娜’‘日本山绣球’‘棉花糖’‘珍贵’‘黑金刚白’‘美佳子’‘黑金刚红’‘薄荷拇指’‘银边绣球’‘栎叶绣球’‘雪花’‘圆锥绣球’。

果树：石榴、柠檬、椪柑、青李、无花果、柚子树、蓝莓、狗枣猕猴桃。

其他：落新妇、玉簪、百子莲、萱草、金焰绣线菊、珍珠梅、溲疏‘爱丽丝’、‘火焰’美人蕉、火炬花、超级向日葵‘光辉岁月’、花叶莨力花、蓝色玛格丽特、姬小菊、银叶菊、鼠尾草、花叶燕麦草、金丝桃、丁香、枫树、接骨木、彩叶杞柳、烟树、紫荆、风车茉莉、红花素馨、曼陀罗、尤加利、朱蕉、银叶黄金菊、白色马蹄莲、紫薇、彩色鱼腥草、红色米花、金叶泽苔草、血草、彩叶山桃草、矮牵牛‘黑珍珠’、越绒草、细叶针茅、墨西哥飞蓬、迷迭香、樱桃鼠尾草、南非万寿菊、金叶茅、玉蝉花、醉鱼草、堆心菊、弗吉尼亚鼠刺、淫羊藿、毛地黄、钓钟柳、金鱼草、玉米百合、花叶活血丹、薰衣草、百合、瓜子黄杨等。

教学花园

——重庆合川，学校楼顶的全盆栽花园，学生喜欢，四季有花看

有了梦想就会获得很多人的帮助和支持，就会获得源源不断的追梦动力，很快便能抵达成功的彼岸。

花园名称：陈老师的教学楼顶花园

坐标：重庆合川

面积：200m²

朝向：全日照

园龄：3 年

花园特色：用自养小苗打造大花量、多品种花园。

“房子是租来的，但生活是自己的。”真正热爱生活的人，即使是租来的房子，也会布置得温馨舒适。就像陈老师的教学楼顶花园，楼顶虽然是借来的，但花园梦是自己的。

陈老师从小受身为农技员爸爸的影响，喜欢种植各种植物。后院长成花树的栀子花，香味更是伴随了整个学生时代。就在那时，花园梦就已经深深扎根在了心里。

楼顶是借来的，但收获和快乐是自己的

陈老师所在的教学楼顶，是学校的劳动实践基地，有几十块菜地，学生的种植课程就在这儿开

被绣球包围的陈老师

展。菜地的另一边是一块大大的空地，阳光好、无遮挡，不仅有水龙头，还有一个大大的水池。

“引进花苗在这里种植，还可以丰富种植课程。”陈老师的这个想法很快得到了学校的支持，于是，便向学校借来了楼顶。

接下来就是甩开膀子加油干。2018 年秋天，好朋友辞职开花店，在她的影响下，陈老师认识了很多花友，经常互相交流，取长补短，积极实践在各种平台学到的“干货”。

每天中午、下午放学后，陈老师都会去东看看、西摸摸，常常是晚上 7 点才走出校门。即使周末、寒暑假，只要没出远门，都会每天去看一看，完成日常浇水、施肥、修剪的工作，这都离不开家人的陪伴和支持。

“在造园之前，我认为植物的养护更为重要。从小苗开始养护不仅成本低，同时可以累积养护经验，今后造园也会少走很多弯路。”陈老师说。

育苗也像育人，付出的心血会通过时间得到印证。在没有电梯的顶楼，陈老师搬花搬土搬盆，长年累月、积少成多，到现在已种下大大小小的植物 100 多种，共 300 盆。由于没砌花池，花盆整齐排列，陈老师自己戏称是妥妥的苗圃风格。

之后通过搭拱门、做栅栏、造花境，给植物们修剪牵引造型，一步步地长成了现在可爱的样子，实现了四季有花赏，楼顶渐渐地被大家称之为花园。

第一个花境结构出炉了

从苗圃到花园

花园里，早春的洋水仙、银叶金合欢用明亮的黄色打破了冬日的沉闷，风信子、郁金香、银莲花、花毛茛等球根植物陆续开放，桃花树下芝樱开成了花球。

晚春，五十来种月季大放光彩，铁线莲、天竺葵、毛地黄、白晶菊、朱顶红、风铃草、旱金莲，让花园色彩斑斓，空气中混合着风车茉莉、双色茉莉和月季的香味。此时最诱人的是又红又大、又香又甜的草莓。

夏天是绣球的季节，十几盆绣球给花园涂上了梦幻色。蓝花茄、蓝雪花为盛夏带来一抹清凉。高大的重瓣木槿不仅花美花期长，花朵还能煮粥，细嫩丝滑、美容养颜。

‘安吉拉’月季

‘葡萄园之歌’月季

‘蓝色阴雨’月季

丰收的花与果实

同样花期长的还有开花劳模向日葵、五色梅，五色梅有股特别的味道，据说能驱蚊。小小的无花果树，居然结了一百个果子，成熟时有鸡蛋那么大，香甜软糯，比蓝莓更受欢迎。

秋天迎来了植物的第二春，各种菊花争艳，月季、大丽花再次开出了娇艳的花朵，粉花晚香玉是冰清玉洁的仙女，散发着幽香。醉蝶花、野棉花也在枝头蹁跹起舞。

冬天多数植物开始沉睡，海棠、角堇、报春花还在用鲜亮的色彩装点萧瑟的冬日，瑞香、结香、香雪球持续散发着香味。红红的金橘挂满枝头，迎接新年的到来，熬成的金橘酱止咳润肺很美味。

花园的四季其实是每一个参与者成就的。建一座花园，付出的辛劳和汗水，晨曦和花儿知道，时间也知道。借来的这个花园，大家都是认真的!

用画笔记录花开瞬间

一座花园，芬芳了整个校园

每当心情烦躁时就去花园，看着破土而出的芽，看着挂着露珠的花，看着一束光照亮的叶……呼吸着花香弥漫的空气，就这样静静地与植物独处，轻轻地洗涤心灵的尘埃，内心平和、舒适恬淡。

对花园的付出不仅让陈老师自己心灵得到了安慰，也影响着身边的人。学生们在花园里观察昆虫植物，做成了自然笔记。他们会用画笔，记录一朵花开的刹那美丽，会用花园里的一次劳动，换几颗草莓带回家与弟弟妹妹分享。

他们还会在作文里写满对花仙子老师的崇拜，会努力学习好好表现，争取到参观花园的资格还有特别的花园礼物。老师们也喜欢到花园里交流园艺知识，扦插各种小苗。当出远门时，很多老师主动承担浇水的任务，厨房阿姨会留好厨余垃圾，清洁工阿姨会把清扫的落叶抬上楼顶，她们都知道这些材料能造土。

同学们正在摘草莓

陈老师小苗到爆花的经验分享

1.‘无尽夏’从小苗到爆花的养护要点。

冬天换土：修根、加新土，加很多奥绿肥。

春天施肥：每周一次液体肥按时“喂饱”，灌根同时不忘喷施叶面肥。

夏天遮阳、防风：撑太阳伞，垂枝花头用小铁棍支撑。

夏天浇水：大晴天蒸发快，早中晚各浇一次水，才能保证植株不蔫。气温高的中午也能浇水，只是不能浇太凉的水，在干蔫的情况下，只有水才能救命。

2. 盆栽植物土壤的干湿循环。

干湿循环好，土壤里的氧气含量足，根系呼吸好，植物生长就快，这个时候薄肥勤施，水肥要跟上。干湿循环不好时，植物生长就慢，甚至僵苗，水肥就要控制，盆土要松动，想办法增强通风。

影响干湿循环的主要因素：花盆大小、浇水频率、环境通风、配土情况、花盆材质、天气状况等。

花盆不能贪大，越大干湿循环就越慢。浇水也要根据季节、天气随机应变，见干见湿。

3. 配土：配土以疏松透气肥力足为原则，还要根据不同的种植环境进行调整，比如全日照的环境就将园土比例加大，起保水的作用。

把换季的植物用来堆肥，经过一个夏天的分解，秋天就有了腐殖土，再加上园土、泥炭土、松针土、腐熟过的羊粪、锯木面和花生壳，混合然后暴晒，最后加入土虫丹就行了。

秋天这样大规模地配一次土，够用一年，配好后不装袋，自然地堆成一堆放在有阳光雨露的地方。换下来的旧土由于混入了各类草花的种子，十几天后，各种各样的自播小苗便开始成长，比如：白晶菊、旱金莲、毛地黄、兔尾草、月见草、角堇，这是一个零成本不需要精心管理的育苗基地。每年的自播小苗都种不完，分享给花友们，和他们一起共享这份喜悦。

中苗‘无尽夏’第一年

中苗‘无尽夏’第三年

中苗‘无尽夏’第二年

早春花园一角

Q：根据您的经验推荐一些适合重庆地区花友养的花草？

A：根据我自己3年的种植经验，推荐以下植物。

藤本月季：'艾拉绒球''亚伯拉罕''自由精神''藤彩虹''大游行''安吉拉''粉色达芬奇''蓝色阴雨''遮阳伞''葡萄园之歌'

灌木月季：'克劳德布拉瑟''桑德灵汉姆''海神王''果汁阳台''铃之妖精''玛姬婶婶''葡萄冰山''真宙''肯特公主''天方夜谭'

绣球：'无尽夏''花手鞠''舞会''塞布丽娜''爆米花''梦幻蓝''塞尔玛''魔幻海洋'

其他植物有铁线莲、风车茉莉、大丽花、天竺葵、毛地黄、白晶菊、朱顶红、风铃草、旱金莲、洋水仙、银叶金合欢、蓝花茄、蓝雪花、重瓣木槿、向日葵、五色梅、风信子、郁金香、银莲花、花毛茛、粉花晚香玉、醉蝶花、野棉花、金橘、海棠、角堇、报春花、姬小菊、瑞香、结香、香雪球……

陈老师从扦插小苗养大的小木槿棒棒糖被风吹断后，通过求助花友，用骨科医生复位的相似方法包扎好伤口，半个月后居然真的长好了。

有梦想可获得很多人的帮助与支持。

丹丹的花园

——浙江绍兴，从爆花藤月阳台、窗台，到清新自然风庭院花园

养花不仅是种爱好，更是我生活不可或缺的一部分。

园主：丹丹

坐标：浙江绍兴

面积：阳台 + 窗台，共 $16m^2$；花园共 $200m^2$

朝向：阳台为南向 + 北向；花园为东向 + 南向

园龄：5 年

都市阳台怎么种更多花，如何种好花？是很多花友的疑问。浙江花友 Alice 黄丹丹是位阳台种花大神。丹丹在约 $16m^2$ 的阳台和窗台，栽种了月季、绣球、铁线莲等各类植物，个个爆盆。丹丹的经历告诉我们，任何人、任何时间、任何地点都可以栽种。

小阳台 + 窗台，种出月季花瀑布

丹丹自称“一个走火入魔的园丁”。她这疯狂又美好的园艺之路，始于月季‘粉色龙沙宝石’。

大约在 2016 年春天，一次很偶然的机会，丹丹走进了一家苗圃。当时有棵‘粉色龙沙宝石’开得正好，她被深深吸引住了，当即毫不犹豫买

丹丹阳台的“粉色龙沙宝石”

南向卧室外的窗台，种满月季、铁线莲和草花

了一棵回家，从此一发不可收拾。

最初只是盲目地买，慢慢开始研究一些花园美图，不断提高审美能力和搭配能力，一点一滴改造后发现，原来小小的阳台也可以很美。

丹丹的家是由三楼、四楼的两套房子组成的复式结构。楼上楼下户型一样，每层都有个 2m × 4m 的南向阳台和一个 1m × 3m 的北向阳台。

三楼的南、北两个阳台用于生活洗晒。为在有限的空间种更多花，经过物业同意后，丹丹在四楼的南阳台栏杆外沿，做了个 0.5m × 4m 的不锈钢花架。这里日照最好，所以种了多肉、草花类植物。

四楼的北阳台栏杆外沿也同样做了不锈钢花架，这里光照不好，因而栽种了对日照要求相对较低的大花绣球。大概有 20 来棵，有‘花手鞠’‘太

北阳台的大花绣球

阳神殿’‘银河’‘妖精之吻’等。基本都是从小苗养起来的，如今一到初夏，一个个花球便会挤满阳台，极为吸睛。

此外，丹丹还在每个房间的窗口，安装了无顶的防盗窗或花架，尽可能多地创造室外养护条件。这些花架的宽度都是 0.5m，长度大概 2.7~3m。

盛花期如花瀑布般的藤本月季，就种在三楼和四楼主卧的南向飘窗外，有‘粉色龙沙宝石’‘夏洛特夫人’‘红色龙沙宝石’等。

在四楼的南向次卧窗外，主要种了铁线莲盆栽，每到春天会和月季同期绽放，非常引人瞩目。

丹丹家的花园最佳观赏角度在对面楼。每到花期，她常会跑到对面楼拍照，定格每个美好瞬间。亲戚朋友常

阳台内景

开玩笑说："辛辛苦苦种的花，都是给别人看的。"丹丹说："悦人悦己，多好呀。"

自从开始种花，每天早上醒来还没洗脸刷牙，就要先去阳台转一圈；上班前、下班后也都要去看看。丹丹觉得这些花就像自己的孩子，无时无刻地想要去关注。看着它们一点点地生长、绽放，就会感到莫名的感动。

2020 年疫情期间在家太闲了，经物业同意后，丹丹又把楼下的绿化带打造成公共花园，吸引了很多邻居和小朋友来玩耍。

这时她才发现，原来这么多人都很喜欢植物，只不过都被这城市的钢筋水泥束缚住了。也经常有邻居来请教她怎么扦插，如何养护。于是那年春末，丹丹扦插了 250 多棵绣球，分享给了邻居和附近的花友。

丹丹说："把快乐与美好分享出去，是一件很有意义的事情，也让我很自豪。"

一个人，打造 $200m^2$ 自然风花园

丹丹的阳台花园从开始到成型，共用了两年时间，但这远远不能满足她种花的热情。

终于在 2020 年 7 月，她买了现在这个带花园的房子。先生建议等孩子大一点再去装修，可她等不及了，说房子暂不装修，但花园得先折腾起来。

于是在当年 10 月，花园正式开始打造。

丹丹和先生处于创业稳定期，时间比较自由，花园离目前住的小区也仅 20 分钟车程，所以她每天都会在花园劳作几个小时。

仅在最开始，丹丹请了两个师傅帮忙翻土，用营养土改良土壤。其余一切工

在公共区域打造的花园

作，如栽种、搬砖、铺路、装水管、安装花架等，都是丹丹一人完成的。

“那段时间感觉自己有用不完的力气，可能这就是热爱的力量吧。”

花园没有真正设计过，边想边做，慢慢实现自己对花园的想象：一个自然乡野风花园。

再靠南些是块圆形的红砖休息区。从搬砖到铺设，都是丹丹一人完成的。南面花园稍大一些，因为爷爷喜欢种菜，就打造了个很大的蔬菜园。

2021 年的春天花园有了雏形，吸引了很多邻居来赏花，也常常得到夸赞。

但丹丹觉得，造园是件无止境的事情。总会有新奇的想法，心血来潮就想着局部改造一下，不同的季节调整盆栽植物的摆放位置，补充更换地栽植物的品种……这也是园艺的乐趣所在。

丹丹有两个孩子，她说花园就像自己的第三个孩子。看着她一天天朝着期望的样子慢慢变化，感觉所有的辛苦都是值得的。

自然乡野风角落

她说：“养花不仅是种爱好，更是我生活不可或缺的一部分。让我的日常不仅有柴米油盐，也多了对美好生活的期盼，变得更加充实更有意义。”

花儿盛开时，给大家增添了一点美好，而自己的内心，也在日复一日的栽种养护中，变得平和富足，这是养花带给我们最重要的东西。

海妈曾说：“我认识很多人从一个窗台开始，逐步过渡到有一整个阳台的花，再过渡到有一个楼顶花园，再过渡到有一个别墅花园。因为种花就是我们的目标，有了这个目标后，我们将会努力地学习，努力地工作，努力栽种，努力生活。”

丹丹的故事，便是这段话的印证。植物能给人带来生命力，带来希望，带来春天的感觉。

Q：在阳台养花怎么解决光照和通风问题?

A：有条件的话，尽量不要封闭阳台，能大大提升通风和光照。然后根据光照选择相应的植物。

Q：在防护栏种花是否会有安全隐患?

A：我们小区是老小区，楼层也不高，物业是允许安装这些架子的。生命高于一切，安全因素一开始都有考虑到，特地交代师傅加固过了。

关于这一点，在网络上其实是有争议的，这也是我买花园房的原因，目前很多植物也已经移栽至花园了。

自然乡野风花境

‘无尽夏’小径花期

花园一角

Q：窗台、阳台种花是否会影响室内采光？是否会有蚊虫问题？

A：室内采光要看个人取舍了，窗外养藤月、铁线莲之类的爬藤植物，采光多少会受到影响，但对我来说这些都是可以忽略的。关于蚊虫，其实不养这些植物，夏天蚊子照样会有，安好纱窗，再用蚊香等就好。

对我来说，因为足够热爱，所以不会在意这些细节。

Q：给我们分享一些阳台月季、绣球爆花经验吧？

A：月季：藤本月季枝条朝外悬挂，这样的牵引方式是爆笋秘方，生长也非常迅速。我的这几棵月季都是2016年秋天买的牙签苗，2018年就已经非常壮观了。

牙签苗入手后从1加仑换2加仑，根满盆后再直接换32cm口径的青山盆。

每年冬天落叶后我会沿着盆一周埋足够的有机肥，再用新土覆盖，确保开春有足够的养分。

绣球：每年冬天和月季一样，等落叶后会沿着盆四周埋有机肥，再用新土覆盖；根盘很满的话，会切去1/3的根，再用新土重新种植，确保根系有足够的生长空间。栽种空间有限，无法换更大盆的花友可以用这个方法。

虽然江浙地区有梅雨季，但我们花园是抬高的，所以不会有积水问题，梅雨期施肥频率不要太高，一般半个月施一次差不多了。

Q：经过您的亲身栽种，觉得哪些植物非常适合江浙地区花友栽种？其中哪些是您最喜欢的？

A：绣球我栽种的有‘妖精之吻’‘纱织小姐’‘花手鞠’‘太阳神殿’‘银河’‘魔幻水晶’‘魔幻珊瑚’‘你我的相约’‘塔贝’‘爱神’等，很推荐‘太阳神殿’“妖吻”及魔幻系列，直立性好，对“阳台党”来说不会太占空间。

月季种有‘粉色龙沙宝石’‘红色龙沙宝石’‘大游行’‘夏洛特夫人’‘玛格丽特王妃’‘艾拉绒球’‘亚伯拉罕’等，这么多年过去了，最爱的还是经典的‘粉色龙沙宝石’。

盆栽草花花境

自然乡野风角落

铁线莲有‘乌托邦’‘约瑟芬’‘啤酒’‘微光’‘蜥蜴’‘经典’‘包查德伯爵夫人’‘超新星’等；比较推荐F系的，尤其是‘乌托邦’，对新手很友好；还有‘微光’‘蜥蜴’，对新手也比较友好。

草花有各色角堇、矮牵牛、玛格丽特、风铃草、报春花、松果菊、毛地黄、金鸡菊等。

球根有葡萄风信子、风信子、洋水仙、郁金香、朱顶红。

重瓣百合「塔丽塔」

冬季花园

莫库里花园

——美国加州，层次丰富，与松鼠斗智斗勇，建融入乡村远山的自然花园

花园名称：莫库里花园

坐标：美国加利福尼亚州

面积：大概 $300m^2$

朝向：东、南

光照时间：4-8 小时

园龄：4 年

花园特色：自然野趣的乡村风格

有一座花园，在花园里往远处眺望，就能看见绵延的山丘。晴朗的早晨，可以见证太阳从山谷里升起；月圆之夜，月亮会静悄悄地爬上山坡，将月光洒满花园。

以上不是在电影中才会看到的画面，它们都真实存在于小葵的花园里。这座名为“莫库里花园”的园子，不仅远处有美景，还有 100 多种植物在其中肆意生长。花园融入了周围的自然环境，附近的小动物们常把它当作游乐场和餐厅。

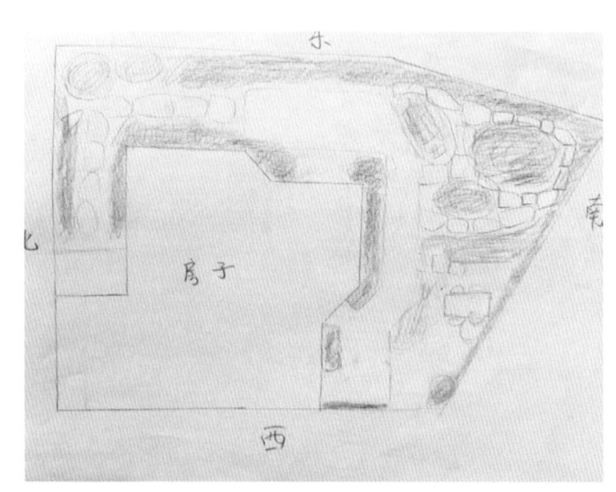

花园平面示意图

花园东面和南面

花园里肆意生长的植物

蓝蓟

花园早春花境

村舍风格花园养成记

小葵从初中开始爱上了种花，尤爱播种，因为播下种子就会有期待。每天看着它们长大，尤其是看到花开，那种成就感会让人更积极地生活。

刚到美国时住在公寓，有一个空着的阳台。“空着的阳台肯定要种花呀”小葵这样想，便在阳台上越种越多。有一天连小区里的园丁都对着阳台上的小葵竖大拇指，邻居也纷纷赞赏小葵的阳台是小区里最美的阳台。

2017 年，小葵一家从公寓搬到了现在居住的地方。梦境中的花园便从那时开始一步步成为现实。自从有了花园，小葵没有一天闲着，从设计规划到改土栽种，每天都有许多活要做。开始设计花园前，会参考当地人的花园风格。

由于小葵所在地区是地中海气候，夏季干旱无雨，冬季湿润，当地人的花园风格基本上都是大树加灌木组合，然后点缀些多肉植物，再加上几棵月季或者几丛百子莲。但小葵更喜欢一步一景的村舍风格花园，植物搭配更倾向于高低错落、自然野趣。

花园由北边、东边和南边呈“U”形包围房子，西边是前花园，属于公共绿化带，由小区统一打理。北边种了一些耐阴常绿植物，东边有两棵枫树、各种灌木和宿根植物，南边区域最大，绕着篱笆、房子和高墙各有一长条种植区域，中间划分成一大两

洋水仙

小三个花岛，石板铺成的小路蜿蜒其中。

南边是小葵最喜欢的区域，常会在这里看日升日落，草长莺飞。多年生的植物会作为花园骨架，两棵高大的蓝蓟作为花园背景植物，毛地黄在花园各处，开花时高高的花茎很好地拉高了花园层次，一年生的草花就会充当羽毛，丰满整个花园。

由于小葵是草花爱好者，每年都会买种子进行秋播，每个季节都会利用不同的花打造不同的花境。小葵认为：如果都是多年生的，总会让人有一种“年年岁岁花相似”的感觉，少了很多新鲜感。

早春的花园有洋水仙、郁金香等球根植物开放，接着是蓝蓟和各种草本花卉，晚春有各色鸢尾和月季。

由于加州从4月开始基本无雨，一直到11月甚至12月才有降雨，夏季气温可高达45℃，因而种植的大部分是大丽花、马鞭草、百子莲、向日葵等耐旱不怕晒的植物。只有等到雨季，花园才会再次鲜活起来。

小葵的花园给人第一印象就是完美，一眼看过去没有一朵残花、残叶，但如此完美的花园也有“翻车”的时候。

刚开始造园买的第一包种子是野花混合种子，本打算做一个野花草甸为主题的花园，最后效果和想象的样子完全不一样，尤其到了5月，完全长疯了，长成了真草甸。后来小葵总结经验，既要实现自然野趣、蓬勃生长的状态，又要避免杂乱无章。后来小葵播种前都会留意开花后的高度。高的种中间，矮小的种边上。易倒伏的不是特别喜欢的花，下一年就不会再种了。

小葵说，花园早期改造的时候需要投入很多时间和精力，随着时间推移，花园逐渐成形，只要每天利用一些碎片时间就能把活干完。

春天的花园

郁金香

洋水仙

种花人的字典里，没有“无聊”二字

自从开始种花，小葵的生活就从来没有无聊过，球根季花了整整两个月把 600 多个球种完，秋播季忙着播种草花，春天花开了就会在花园里从早拍到晚。

花园里的新鲜事不是全部围绕着植物发生着，还有动物访客。花园外的小山坡上每天都有一群火鸡在巡逻，花园里也常有小动物来访，大多数都是来吃植物的，小葵常常因此哭笑不得。

德国鸢尾

松鼠常在花园用餐

从阳台种花那时开始，松鼠就会来挖走盆里的球根，还把顺来的巧克力、面包藏在了花盆里。后来在花园种了玉米百合，有小葵很喜欢的‘blue bird’这个品种，也全部被松鼠挖出来吃掉。

好在玉米百合是开花后被挖走的，多少给小葵的花园留下了美好记忆。但是花毛茛就没有那么幸运了，到了花期结束一朵都没有，全被松鼠刨出来吃光了。

不过大自然总有它的法则，老鹰替小葵教训了松鼠一顿。有一次，一只老鹰落在院子里一块石头上，没一会儿，一只松鼠窜进花园，结果刚进来迎头碰上了老鹰，老鹰张开翅膀叫了一声，吓得松鼠赶忙一头扎进篱笆边上的灌木丛里落荒而逃。

当然，除了爱来吃植物的松鼠，也有可爱的小鸟。美洲鹌鹑会拖家带口地来，头上那撮毛看着十分搞笑，有时候会带上小宝宝，超级小，特别可爱！每天还会有蜂鸟到访，有一次目睹了两只蜂鸟打架，没想到小小的它们，打起架来也是超级凶的。

小葵作为全职主妇常被人问道："你在家不无聊吗？"对此，小葵只想说："我很想邀请你来我的花园，你会发现有爱好的人，字典里就不会有无聊二字。"

正如小葵很喜欢的园艺主持人 Adam 所说："我们都知道自己处在一个充满诸多不确定因素的年代，这让我更加领会到花园给我的生活带来的平和感。园艺最重要的不就是期盼吗，那就是园艺的一切内涵。"

每天站在蓝蓟上高歌的小鸟

蜂鸟

火鸡

花园改造前的土质

月季

如何打造耐旱、低维护花园？

因为少雨，小葵一个人打理花园，旱季浇水是个繁重的负担，通常是早上或者傍晚留出时间进行。夏天一两天浇一次，每次要一个小时左右。

以前植物矮小的时候每天用自动浇灌系统来浇水。后来植物长得太高大，喷头都被挡住了，好多地方喷不到水，就只好用水管人工浇水。

小葵考虑之后换种更多耐旱植物，比如鸢尾、大戟、婆婆纳、香雪球、百子莲、薰衣草、百里香、墨西哥飞蓬、羽叶老鹳草、紫娇花、石楠、毛蕊花。除了球根和草花，在干旱的环境中也有适合的月季品种，比如‘绝代佳人’。

想要打造低维护的花园，小葵认为一定要选择适合自己环境的植物。可以去附近的苗圃逛逛，看看当地的植物，学习当地的花境打造技巧。

另外，在栽种植物前，一定要改良土壤，这一点非常重要。

薰衣草非常耐热耐晒

推荐 Annie’s Annual & Perennial 苗圃
可参观种植区域还有各种奇花异草零售区

改造后的花园

如何改良重黏土，小葵分享了她的经验：

在栽种位置挖个坑，挖出来的土，混合进园艺配方土，再混合进有机肥，然后掺少量的沙子，搅拌均匀再填回去。随着花园逐渐被植物填满，大部分土壤都被改良得越来越好。加上每年都要施几次有机肥，原来的重黏土现在已经逐渐松软了。

猫米花园

——云南大理，苍山脚下，700种月季200种绣球，上万种植物打造梦幻花园

像植物一样，纤细而坚韧，美丽而从容。

花园名称：猫米花园

坐标：云南大理

面积：约1万m^2

光照时间：全日照

园龄：5年

花园特色：苍山上的雪化作花园里的小溪，坐在花园里就能看洱海，拥有上万种从全世界各地搜罗的植物品种，9个主题花园，绣球一年可开3-4次以上。

早春的大理，清晨还有一丝凉意，猫猫推开画室的窗，近处是女儿小米正在花园画画，远处苍山上还有未融化的雪。这是猫猫的花园日常，也是生活日常。

这座坐落于风花雪月之城的猫米花园，曾在《妻子的浪漫旅行》《女儿们的恋爱》等各大节目、电视剧中出现。让我们一起来云逛这座花园，来一场梦游仙境之旅。

喜欢的植物太多，所以建了座花园

猫猫从小就受爸爸的影响很喜爱花草和小动物，一开始入园艺“坑”是种多肉植物，之后月季、

花园的日出

树屋俯瞰花园

冬天十二月的绣球园

绣球各种植物越养越多，想着不如建一座花园，种尽自己所爱。

一开始只想做一个小小的花园，作为和朋友的聚会之地。但猫猫的先生说："要做就做大的，大一点才能放得进那么多喜欢的植物。"于是，猫猫一家离开了熟悉的深圳，来到彩云之南的大理，开始为花园看地，为梦想奔波，为扎根在这片土地努力着。

花园最初是和创业的朋友一起设计，猫猫是儿童插画师，在花园的打造中融入了许多龙猫元素。当身在花园时，会有一种在宫崎骏动画里的幻觉。

猫猫说："有时在花园逛着逛着，就不知道要找什么了。"花园共有9个主题花境，常常会被美丽的景象迷得晕头转向，还不要说第一次来到这里的人。于是，猫猫设计了一条线路，供第一次来到这座花园的人，有更好的体验。

沿月季拱门进入海螺石子路的乡村花

小朋友在花园画画

镜面水池的倒影

小米在花园龙猫处的水彩画

境，路的尽头是玻璃咖啡馆，猫猫喜欢在忙完花园的活之后，来这里为自己做一杯现磨咖啡拿铁。走出咖啡馆右转就能看见壮观的环形月季园和白色花园，整个花园月季种类约700种，这里占了很大一部分。

回到咖啡馆，走进有栅栏的花境，就能看见有200多种绣球的绣球花园。绣球花园连接着猫米画室，坐在画室里，可以透过一扇大大的窗户，看见花园和远处的苍山、大理崇圣寺三塔。画室里正在画画

四层百年树屋

的人，已身在画中。

出了画室，来到用多肉植物打造的花境，可以看见在云南露天“放养”的多肉有多么优秀。多肉花境右边是猫猫后来建成的四层树屋小森林，在树屋上可以俯瞰花园。

走出树屋，看见两条月季长廊，它们围绕着中间的镜面水池。紧接着就是植物爱好者会流连忘返的乡村花园和岛式月季园，值得停下来慢慢欣赏。

花园还做了一片切花区，让来到这里的人们也能体验猫猫的切花自由日常。猫猫说花园的最佳观赏时间是从每年的 4 月初到 11 月底。5 月看月季的高光时刻，绣球最好看是 6 月初到 12 月，它们开很多次，而且每次花开都很美。

李宇春拍经典牛奶场景玻璃房

一家三口的第一次写真

大草坪的毛地黄

绣球花园

园艺路上的苦在花开那一刻都会变成甜

猫猫说："一开始做花园就是不停地除草，为了不破坏良好的植物生长环境，直到现在，花园里的草也是靠人工来拔。"造园的工程中不停地调整植物的搭配，顺其自然地便将工作和生活重心都迁移到了花园里。

开园的第一年夏天，下了一场暴雨，花园迎来了第一个挑战：积水。月季、绣球都被水淹，第二天出太阳，就直接闷根死掉。于是，在那场暴雨之后，花园做了排水管道，然后有了一条几乎贯穿整个花园的自然小溪。之后下雨，积水就会顺着这条小溪直接流入洱海，花园再也没有出现过积水的情况。

花园的成长速度是猫猫没有想到的，本来预计要用 4~5 年才会对外开放，但是大理极好的气候和土壤，让花园在第三年就有了效果，如今更是达到了猫猫非常喜欢的状态。

猫猫说："每天看着这些植物的变化，我觉得非常幸福。很多人来花园可能只想看花，但是我们在冬天看植物结果的秆子，也觉得很开心。听到来花园的人发自肺腑的赞美之辞，心里就会特别开心。只要在花园里，无论何时，都会觉得特别幸福。"

多肉花墙

月季长廊

对于拥有了上万种植物的猫猫，她认为无论是选择植物还是搭配花境，都要根据自己所在地区的气候和喜欢的风格。为了花园里的植物都有一个好状态，及时修剪残花和追肥也很重要。猫猫在冬天会统一施一次大肥，有机肥和缓释肥都会用上。水溶肥基本上一周左右施肥一次。通用肥和花卉肥交替用，薄肥勤施。

猫米花园 5 岁了，它在 5 月迎来了一年的最美时刻，本已做好了所有准备的它，等待着全国各地爱花人的光临，可惜疫情让许多花友未能亲眼见证这份美好。

但是，猫猫觉得现在已经是最艰难的了，之后只会越来越好，像植物一样，纤细而坚韧，美丽而从容，做好自己当下的事，迎接每一天。

月季长廊一角

被绣球围绕的小溪

猫米花园的月季花墙

乡村花境小道

摄影　居居

室内阳台

Part 2

小白的花园

——四川成都，高层小阳台，种 100 多盆花，经典‘蓝色阴雨’花瀑布

她还有个专门的日程本，记录每天的养护情况。

提起小白，可能大家不是很熟悉，但旁边这个‘蓝色阴雨’花瀑布，应该很多花友都看过吧。没错，就是小白种出来的。我们带大家看小白的高层阳台小花园，看她怎样在 $10m^2$ 的空间里，种满 100 多盆花，让小阳台一年 365 天都有鲜花盛开。

垂下来的‘蓝色阴雨’‘大游行’

花园名称：小白的阳台花园

地区：成都

面积：

3.8m × 1.8m 的开放阳台

2.3m × 0.6m 的飘窗

2.6m × 0.6m 的飘窗

特色：火爆花友圈的‘蓝色阴雨’花瀑布，$10m^2$ 空间种了 100 多盆花。

向天借地，海陆空式利用空间

小白的阳台花园位于 11 楼，朝向正南。虽然空间不大，加上 2 个飘窗，一共约 $10m^2$。在这小小的空间里，她种了大大小小 100 多盆花，却丝毫不给人拥挤杂乱之感。要诀就是巧妙拓展空间，充分利用每一寸空间。

阳台全景

$6.8m^2$ 的开放阳台，是小白花园的主舞台。在阳台两侧的墙壁上，安装了攀爬架。攀爬着‘乌托邦’‘屏东’等铁线莲和‘粉色龙沙宝石’，每到花期，就会开成一片灿烂的花墙。阳台的栏杆上，内外挂了两排花架。这里光照较充足，种了‘真宙’‘金丝雀’‘果汁阳台’等小型灌木月季，还有碗莲和玛格丽特、姬小菊等草花。

阳台栏杆底部光照稍差，种了‘蓝色阴雨’‘胭脂扣’等枝条柔软的藤本月季，让枝条自然垂在阳台外侧，享受充足的阳光。靠近客厅的这侧，基本只有散射光。在一侧角落种了蕨类、矾根等喜阴绿植，及‘无尽夏’‘万华镜’等绣球。另一侧，‘粉色龙沙宝石’花盆的外围，放上装修剩的瓷砖，再围上一圈栅栏遮丑，做成简易花架，摆放草花。角落里，放一个高高的花架加强采光，上面是风车茉莉，下面则是赤叶千日红。这种“海陆空”全面发展的方法，不仅有效扩大了种植面积，还让阳台花园更加立体丰富，充满趣味。

在阳台两侧墙壁上安装了攀爬架

阳台初期，内外挂了两排花架

铁打的C位，流水的花

和很多阳台花友一样，小白也面临着光照不足的问题。只有外侧花架和内侧花架的中间算全日照。C位有限，为了追逐阳光，小白的大多数花，位置都是随时在变的。

她会把处于孕蕾期，最需要阳光的植物，放在阳台外侧的架子上晒太阳。等开得差不多了，再搬回内侧，既方便欣赏，也让花避开强烈的阳光，维持更久。

两个飘窗是辅助后台。大点的飘窗放一些当季不开花，或对光照通风要求不那么高的植物，等到了花期，再搬到阳台尽情灿烂；小的飘窗，则摆满了播种扦插的小苗。通过不断调整摆放位置，并用飘窗配合的方式，小白的每一盆花，都享受到了充足的阳光。一年365天，基本每天都有花开。

小白是从2018年前才开始正式养花的。2016年时，在云南上班的小白，受海妈“蛊惑”，买了一棵绣球。虽然养得不大好，但也埋下了希望的种子。2018年回到成都，拥有了自己的房子后，小白正式开启了园艺之路。

从开始的2盆绣球、4棵月季，不断

买买买，并加入一些自己的想法来搭配，让花园渐渐充实起来。养护技巧也是通过看视频，与花友交流，不断学习，不断实践、总结。

她还有个专门的日程本，记录每天的养护情况。平时浇水、施肥、打药、换盆等都会记下来。当植物状态不对时，翻看一下就能找出原因。

花园是第二条命

花园虽小，但给小白的生活带来了巨大改变。不仅认识了很多线上线下的花友，也收获了无穷的快乐与美好。

植物发芽了、长花苞了、绽放了、凋谢了，和家人在阳台吃饭、闲聊，昆虫、小鸟来访……花园的每一个瞬间都有魔力，都给她惊喜。四季中，她最喜欢初春。那时坐在阳台，温柔的阳光照在身上，暖洋洋的，放眼望去，植物萌发，满眼都是希望，特别治愈。

现在，种花已经成为小白生活的一部分。她可以一整天待在这里，随随便便就拍一百多张照片。花园也算是她的第二条命："如果再搬家，花必须带走。"

"博爱"的种花人，大都梦想拥有一个大花园，能随心栽下各种喜欢的植物，不用忍痛取舍。但很遗憾，并不是每个人都能拥有。

泰戈尔曾说，"如果你因为失去太阳流泪，那么你也将失去群星了。"蒙叔在《园艺世界》中也曾说："没有一个花园会因为太小而无法与众不同。"

如果你只有很小的阳台，甚至是一个窗台，只要充分利用它，我相信，它也能像小白的阳台花园一样，绽放耀眼的光芒，给你带来无限的惊喜与美好。

"海陆空"全面发展有效扩大了种植面积

‘蓝色阴雨’月季花瀑

阳台上挂了花架，种上酢浆草

Q：在成都，你种过的植物中，哪些表现非常棒？

A：成都也算“开挂”区，感觉大多数都能种。

‘粉色龙沙宝石’‘蓝色阴雨’‘胭脂扣’‘真宙’‘金丝雀’‘果汁阳台’等各种月季都适合。

铁线莲有‘乌托邦’‘恭子小姐’等；绣球有‘无尽夏’‘万华镜’等。

其他还有风车茉莉、小木槿、‘火焰’美人蕉、杜鹃、栀子花、茉莉、蕨类，以及矾根、银叶菊、千日红、姬小菊、风铃草、金鱼草、非洲堇、百万小铃、矮牵牛、酢浆草等草花。

Q：你最喜欢的植物是什么？

A：我太博爱了，选不出来最喜欢的，实在要说的话，是藤本月季吧。因为月季太皮实了，虽然病虫害好像比较多，但是真要养死还是比较难的，一旦病好了天气凉快下来，又是一条好汉，满头花苞！

Q：大家都很羡慕你的‘蓝色阴雨’种得那么好，分享一下爆花的秘诀吧？

A：当时买的是一棵小苗，收到时根系饱满，就换了2加仑盆，没多久就发出3根笋。

等到冬天，留了4根粗壮的主枝，每根大概1米左右，并保留部分2级枝条。稍微牵引了一下，大部分枝条就直接放在阳台外面。

换盆时底肥加了奥绿。大概2月份开始，每次浇水会兑月季型的速效肥，等花开到90%的数量时，停肥。

‘蓝色阴雨’枝条柔软，花量大，开花时会自然下坠，形成花瀑布。

暖暖的花园

——北京封闭阳台，$6m^2$ 顶层小森林，四季常绿

如果不能改变世界，那就尽最大努力改变自己的生活。

我的四季不搬家

园主：藤叶暖暖

坐标：北京

面积：$6m^2$

朝向：正南，阳光充足

花园特色：封闭阳台种花、种果，北方都市里的小森林。

北京的冬天太漫长了，窗外一片枯黄萧瑟，很久都看不到绿色，生活也跟着干瘪枯燥。所以暖暖在家建了一片森林，在北方享有四季常青。

“不管搬家到什么地方，都必须有阳光，都养许多绿色的植物。”

暖暖是一年前搬到这里，因为阳台面积不大，又都是盆栽，所以花园很快成型。

“我喜欢绿植，花园以各种大叶植物为主，深浅不同的绿，又有白有粉，就算不是花开的季节，这里的颜色也很丰富。”暖暖谈起绿植就很兴奋。

冬天最能感受绿植的魅力，把它们搬到暖气房里，像是在房间里藏了一个春天，独属于自己。

拥抱热爱的小花园

‘鳟鱼’秋海棠

阳光万万浪费不得，漏到室内的散射光也要用起来。沙发、投影墙旁边，或者在餐厅的角落，摆上几盆龟背竹、吊兰、日本大叶伞，家里就有了灵动的生气。它们其实并不难养，偶尔施肥浇水，就活得很好了。

外面是 $6m^2$ 的长方形封闭阳台，但因为是顶层，所以阳台顶部是全玻璃，采光很好。在这里诞生了暖暖一家的四季。

春天是最热闹的，风车茉莉爬满墙，清风把花香灌得满屋都是，接着舞春花、六出花相继吹起小喇叭。夏天，也就是现在的时节，蓝雪花开满花架，每回去阳台看到，都觉得凉快不少。再过几个月，进入秋冬天，北京的一草一木都开始褪色，家里的绿植却依然灿烂，尤其是竹芋，完全不把降温放在眼里。

对暖暖来说，阳台是赏花阁，也是听雨轩。避开夏日正午，暖暖有空就和朋友家人来阳台喝茶、聊天。或者和猫咪一起，晒太阳，赏雪听雨。

老桩龟背竹

舞春花

风车茉莉

封闭阳台的苦与乐

北方室内养花，避不开两个拦路虎：不通风和过冬问题。暖暖的阳台虽然朝南，但是是全封闭的。为了解决通风问题，暖暖家的窗户从来不关，夏天还开起电风扇给植物们吹风。

第二个就是过冬。暖暖一般是开着阳台门，和室内的暖空气流通，保持阳台的温度，像长寿花、风车茉莉、蓝雪花，就可以在阳台过冬了。不耐寒的仙人掌、多肉植物，冬天都要搬到室内来，隔段时间阳光好的白天搬出去晒太阳。

其实还有第三个阻碍：室内太局促，养不了太多花也是遗憾。暖暖最喜欢的植物是高大的银杏树，家里装不下，所以她每年秋天一定会去银杏大道走一走。

但花园终究是令人快乐的。

暖暖在阳台上养了一棵无花果，刚开始特别小一棵，换盆后长得飞快，还结了很多果子。猫咪蒂蒂也很喜欢这棵树，在无花果叶上留下许多牙印。

还有一次，橡皮树的叶子突然全部掉光，暖暖以为它死了，但因为装它的花盆实在太大，一直懒得处理。丢在那几个月，竟然自己发芽了。没想到因为自己偷懒，还救活了一棵植物。像这样有趣的事经常发生在这座小花园里。

从“快”中抽离，拥抱热爱

暖暖之前在广告行业工作，节奏很快，快到仿佛失去自我。

“如果不能改变世界，那就尽自己最大的努力改变自己的生活。和喜欢的事、物、人在一起。”

暖暖更喜欢慢节奏的生活，喜欢植物与美食。它们都需要足够的耐心，需要反复试错，慢慢磨炼，才能得到自己的一番心得。

花园也是从“快”中抽离后捡起的美好之一。不用跋山涉水，花园就是离我们最近的自然，俯首皆绿意，挥袖弄花香。

几经辗转，现在的生活是暖暖的理想，也是顺其自然的结果。她一直做着自己能做的事，不强求不急功近利，然后静静地等待。

蓝雪花

‘小天使’喜林芋、爱心榕等

阳台秋景

夏日草莓碗

无花果和猫咪蒂蒂

暖暖的室内植物清单

大型绿植：心叶榕、龟背竹、日本大叶伞和天堂鸟。

小型植物：竹芋、‘鳟鱼’秋海棠、‘婚礼油画’吊兰、卷叶吊兰、镜面草。

开花植物：铁线莲、风车茉莉、蓝雪花、六出花、小雏菊、舞春花、金银花等。

香草植物：薄荷和迷迭香。

绿植花园合集

——从东北到广东，4 位大神巧用室内绿植，打造植物园

阳台种植可能是绝大多数人开启园艺之路的起点，这篇文章介绍的四位花友，他们在短短几年内，都把自己的家种出了植物园的既视感。

园主：XIN

坐标：南京

特色：封闭阳台加上“低楼层”，南京花友 XIN 攻克养护大难题，在 $10m^2$ 阳台养护 100 多盆植物，延续爷爷植物爱好，享受与植物的世界。

“我种花是爷爷领的路”

XIN ｜ 南京 ｜ 化妆造型师

南京的 XIN 是位化妆造型师，他与植物的不解之缘得从爷爷说起。

爷爷今年 93 岁了，也是一个爱植物的人。XIN 小时候就在他的花花草草里穿梭。以前只觉得好玩，现在才体会到他的悠然自得。

阳台局部

夜晚的客厅一角

第一次见爷爷穿军装，每一枚勋章背后都有一个伟大的故事

XIN 以前的阳台稀稀拉拉摆了一些植物，但构不成景观。这两年因为疫情关系，XIN 有了更多时间待在家里，于是他重新审视、调整自己的生活，阳台改造就是其中一项。

改造前 vs 改造后

绿植花盆以陶盆和白色青山盆为主

改造阳台从植物选择和景观呈现着手

“封闭阳台”加上“低楼层”，意味着通风和光照都大打折扣，XIN 便将目光集中在观叶植物。改造后的阳台以天南星科植物为主，还有一些沙生多肉植物。

10m² 的阳台上植物越来越多，现在有 100 多盆，XIN 希望它们在肆意堆叠中，又能错落有致。所以 XIN 会随时将它们重新排列组合，让每一盆植物都在最适合的位置，且植物与植物之间都保持“安全距离”，通风保命。

现在的花园也基本成型，XIN 喜欢用相机记录下植物的生长，关于春季的萌芽，初夏的繁茂。特别喜欢晚上 10 点之后，世界都安静下来，只剩下他和这些小美好相处。

给新手的推荐

仙洞龟背竹、老桩春羽、橡皮树，优点是好养，容易营造氛围感。

想对新手说：不要总担心养不活植物，植物生命力很顽强，勇于尝试总会找到合适的方法。

适当控制浇水频率，不需要频繁地给植物浇水。要学会观察，而不是完成任务地去浇水，同时也要浇灌爱。

热爱植物的人，也是非常能够享受独处的人，和植物对话的同时也是和自己的心灵对话，挺好。

从左到右依次是‘绿金刚’橡皮树、‘橙王子’蔓绿绒、‘荧光’蔓绿绒、‘帝王’万年青、‘水晶’花烛、龟背竹、紫背天鹅绒竹芋、‘哈斯塔姆’蔓绿绒

从左到右：‘银鹿’鹿角蕨、蕨类、空气凤梨、‘国王’花烛、‘荧光’蔓绿绒、‘灿烂’蔓绿绒、蕾丝蕨、紫掌、‘荧光’蔓绿绒

福子的阳台花园

园主：福子

坐标：东北长春

特色：有蝴蝶兰的加持，封闭阳台也能开满鲜花。还有秋海棠、龟背竹、彩叶芋等丰富的室内绿植。

从植物杀手到虫子杀手，东北姑娘的逆袭

福子 | 长春 | 自媒体

初看福子的阳台，不禁和许多花友发出同样的感慨：“这是什么神仙小花园？”福子以前是绝对的植物杀手，而且特别怕虫，一看见就吱哇乱叫。直到有次好朋友搬家，送了两盆绿萝，福子养了一阵见还活着，于是又尝试一些好养的植物。

2021 年冬天偶然买了四棵蝴蝶兰，发现出奇地好养，花期基本在 3 个月以上，也基本没有什么病虫害。于是去学习各种大神的帖子，越买越多。因为蝴蝶兰的加持，让这个东北的封闭阳台，也能开满鲜花。

福子一直很喜欢折腾家里的软装配饰，相比仅能观赏的饰品，绿植更有生命力和活力。阳台除了蝴蝶兰，还有龟背竹、秋海棠、橡皮树、绿萝类、竹芋、海芋等。

为了增加花园层次，阳台右边摆了个白色的立体花架，中间有藤编桌椅、铁艺架让盆栽有起伏的动态美，球兰、绿萝、仙洞龟背竹、吊兰从各处垂吊下来，让立体空间得到充分利用。

福子也会经常更换屋内的软装，比如地毯、桌布、灯饰等，给花园换换风格。

曾经的植物杀手和恐虫姑娘，经过几年的园艺之路，现在已经能徒手捏死蓟马了！每当福子坐在花园里放下手机，感受当下片刻的宁静，福子觉得这种状态让自己拥有了一个更加容易满足和感知幸福的能力。

花园一角

秋海棠为主的绿植角落

小叶银斑葛

福子给新手的绿植推荐

我推荐龟背竹、秋海棠、大小叶银斑葛。

这三种植物对于室内环境都不挑剔，其中的秋海棠品种非常多，是我自己比较喜欢，也在收集的种类。龟背竹是最经典的大叶片植物，养起来很有成就感。大小叶银斑葛属于绿萝类，好养，颜值高又便宜。

福子的蝴蝶兰养护心得：

除了盛夏，蝴蝶兰都可以接受阳光直射的。见干见湿，每次观察水苔已经发白，掂起来很轻的时候再浇透，我一般浸盆 30 分钟，让根部充分吸水变绿；花期不施肥，待花谢后，每两次浇水用一次兰花专用肥；相对来说蝴蝶兰对湿度要求不高，所以很适合北方啦！

福子建议说："新手们不要一味地追求网红植物，从最简单好养的开始，才能让自己越来越有信心。"

园主：校长

环境：露台

坐标：广东东莞

特色：充分利用广东的气候特点，花友校长模仿热带雨林的生态，在楼顶打造植物森林。

只要说到绿植，社恐的“校长”就信心满满

校长 | 东莞

“每天早上 6 点多必定起床，上楼看他的花，拍拍照，看看植物有什么变化。十几年来都是如此。对了，我今年 24 岁”。

校长从初中二年级就开始养多肉植物，到现在基本什么植物“坑”都入过，近两年才痴迷热带植物。

广东是热带植物的“开挂区”，路边到处都是。校长模仿热带雨林的生态，以露台上老爸种的几棵大树（桂花、莞香等）为中心，在树荫下塞热带植物，能塞多少塞多少。

再根据植物的习性调整，把耐晒耐热的放一块儿，比如蔓绿绒，耐阴的植物放一块儿。只要避免雨后立马暴晒，露台上的大部分热植都能正常生长。

“偶尔一两片丑叶子不打紧的，自然界也有很多虫害啊、天灾啊。自然一点，是我所追求，不希望我的花园成为我的负担。”校长说。

除了包容植物的不完美，校长还会包容其他一切花园的小生命：“昆虫也是我花园生态链中的一环。虽然经常有毛毛虫、蜗牛、红蜘蛛，但我

亀背竹、桂花与‘青苹果’竹芋

高大的发财树、桂花树提供荫蔽

平时很少喷药。一是因为懒，二是想维持一个生态平衡。像红蜘蛛其实是存在天敌的，捕食螨会收拾它，我就不过度人为干预。”

校长在生活里有些“社恐”，缺乏自信，但每次给花友介绍植物的时候，他都信心满满。

校长给新手的推荐

推荐三种蔓绿绒吧！很适合新手入门，不难伺候，价格便宜，也很有特色。

‘伯乐’蔓绿绒：价格十分的亲民，叶型很可爱，好养。另外‘伯乐’的锦化版也是极美的。

‘云母’蔓绿绒：质感很好，有丝绒的感觉。垂吊型绿植。

‘柠檬汁’蔓绿绒：柠檬色的心型叶片，很讨喜。垂吊类型的绿植。价格最近也开始亲民了。

想对新手说

别信那么多的大神，多留意自己的环境，看看植物的状态，状态不对劲就做调整。

‘伯乐’蔓绿绒、‘大仙女’海芋等

米兰、迷你香蕉、豹斑竹芋等

心叶榕、‘三王’合果芋、‘希洛美人’海芋

龟背竹、空气凤梨等

园主：sunny

环境：$12m^2$ 阳台 + 室内

坐标：北京

特色：在家里的每个角落，sunny 几乎都栽种了植物。利用补光灯、加湿器等，在室内营造稳定的适宜植物生长的环境。

四个月不开窗，在家还原生态

Sunny | 北京 | 自由身

Sunny 的花园里常年挂着一个小竹笼，里面装的不是鸟，而是一只蝈蝈，“有蝈蝈鸣叫的夏天才是有味道的夏天。”sunny 这样解释。

蝈蝈又俗称百日虫，但她每年都能养至少半年。蛇、刺猬、鸭子、狗、兔子、仓鼠这些也都曾出现在 sunny 的花园里。

是不是觉得有好多动物？其实，这里植物更多。Sunny 想要在这个水泥房子里，尽可能还原自然状态下的生态空间。

狭长的封闭阳台大概 $12m^2$，植物选择尽量多样。从沙漠仙人掌科植物、多肉植物，到热带雨林

房间一角

房间内的各个角落

植物丛间放置小沙发，坐下即享受

植物都有囊括，约 146 盆，它们各自和谐生长，相安无事。

为了调节家里的光照、温湿度，sunny 在家里装了 29 盏补光灯、4 台加湿器，以及 9 个空气循环扇。在室内绿植面前，sunny 兼职太阳神和雨神。每天早上起床开灯，睡觉前关闭，加湿器会在开空调的时候打开。

“每年 11 月天气开始转凉后，家里就不再开窗。直到来年的三四月，在这近半年的封闭时间内，家中始终保持着恒温恒湿，空气也很新鲜。”sunny 解释说。

“植物带给我一个全新的世界，让我感官越来越敏锐，有更多思考和品味。”

这里还放置了很多 sunny 从异国他乡背回来的小玩意儿，久而久之，就变成了一个装满回忆的私人宇宙。

小兔子摆件，生动自然

sunny 给新手的绿植推荐

球兰、蓝雪花、龟背竹。

球兰的养护非常简单，对湿度没有特别要求，温度不极端就行，散射光照即可，非常耐旱且无明显病虫害。

蓝雪花除了对光照、水分和肥料的需求比较充足外，其余难度和球兰无二，还是个妥妥的花开不断选手。

至于龟背竹，只要温度高于10℃，水分不要过多，一些散射光，就能不断生长。

想对新手说

“养好植物并不难，只要你有足够的耐心和细致的观察，当你拿捏好了浇水的节奏，成功的大门就已向你打开了一大半。”

植物从客厅一直延伸到阳台、到书房，几乎每个房间都有植物，光照不足的地方都安了补光灯

小睡神的花园

——广东潮州，东南向阳台，全盆栽呈现地栽花园效果

儿子中学时候还常常把妈妈与花园的日常写到作文里。

园主：小睡神

坐标：广东潮州

面积：约 $14m^2$ 的阳台

朝向：东南方向

特色：在阳台上用盆栽打造出地栽的花园效果，植物丰富，却不觉得拥挤，非常耐看

相信很多阳台花友经常面临这样的问题：明明植物很丰富，开的也都不错，但效果总是不理想。

我们来看一看小睡神的阳台吧！

喜欢花的你，种花之后，最大的改变是什么？

相信每个人对这个问题，都有自己的回答。

2016 年的秋天，儿子初升高之际。花友小睡神作为毕业生家长，焦虑和紧张程度比儿子还盛。为了舒缓心情，她开始每周为自己订一次鲜花。

但鲜花容易凋谢，为什么不利用现有的阳台种花呢？有了这个想法后，小睡神立即买了几盆绿植，摆在了阳台，那是 2018 年的年底。这个已经住了 10 年的房子，就要大变样了。

仅仅两年的时间，她不仅把 $14m^2$ 的阳台改造成家中最温暖的角落，缓解了焦虑，还学会了摄影、色彩搭配、花境的打造。每一张阳台花境的照片，都让人在这个天气渐凉的秋天，如沐春风。

如何让阳台有花园感？

小睡神改造阳台前后用了大概两年，除了拆掉部分木地板，改造成窗边的栅栏外，没有对阳台的硬装做太大改变。

如何凭借植物和杂货，让 $14m^2$ 的阳台呈现出地栽的花境效果。她向我们分享了几点秘诀：

首先要分区。小睡神将花园分成中心花境区、草花种植区、绿植种植区、休闲功能区等。阳台虽小，但分区可以使有限的空间变得更大，也让平时拍照的取景变得更加丰富，感觉永远有拍不完的画面。

其次增强花园层次感，这是摆脱苗圃感最重要的一项。小睡神为此做了三项工作：一是放门板，花园里有几块做旧的复古窗格门板，前后错落放置在阳台一角，增强纵深，营造出庭院曲径通幽的感觉。门板同时也能遮挡窗外的不和谐画面，增加阳台的私密性。还有一个附加的好处，就是提供了更多立面区来攀爬铁线莲和悬挂草花。二是利用花园“增高垫”。用木架、木箱、砖块或闲置的花盆、桌椅等垫高盆栽，来丰富花园的层次感。三是植物选择。不要被阳台限制住，不妨大胆运用一些高挑的线性植物，让阳台更有大花园的感觉。例如毛地黄、大花飞燕草等，再与一些相对低矮的花草搭配，一曲富有韵律变化的春日乐章就奏响啦！

除了植物类别，植物色调也需克制选择。小睡神的花园植物虽多，但即使在春天，也不会觉得拥挤、喧闹。

她用了许多渐变色、邻近色，比如用角堇、毛地黄、天竺葵、郁金香、朱顶红等，呈现协调的粉紫色。中间再点缀黄色的美人蕉、百万小玲、小苍兰、三角梅，与午后从窗户洒下来的阳光呼应，非常迷人。

此外，花园氛围感也是需要考虑的。花园里有了前面说的分区、层次感，但

草花区，感觉一眼望不到头，十分耐看

下午茶餐桌

秋日阳光一角

感觉还是少了人的温度。可以适当运用一些有质感、低饱和度的杂货或椅子，提升花园的故事力和生活性。

杂货运用得当可以让花园更具个性和品位，在花草较少的季节里还可以撑撑场，让花园不至于太冷清；椅子不仅有着很强的实用性，也是盆栽们借其成为花园视觉焦点的神器。

最后是设置“植物休养区”。为了保持阳台花园日常较高的观赏性，尽可能开辟一处植物养护区，将一些休眠或状态不佳的植物挪到养护区，花园才不会显得杂乱。

小睡神说：“每个花园主人都是最好的设计师，保持学习的心态，多借鉴多实践多积累，人人都能打造出自己喜欢的花园的。”

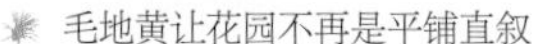

毛地黄让花园不再是平铺直叙

阳光中的花境一角

平时下班或者周末，都喜欢把时间浪费在花园里，孩子上了大学，便拥有了更多时间。被植物们环绕，是小睡神闲暇时间里最重要的生活主题。花园是小睡神的充电宝，让生活的电量持续满格。

家人也非常支持，儿子中学时候还常常把妈妈与花园的日常写到作文里。

“我相信爱花的人，生活态度都是积极、自信和美丽的。爱花的人懂得经营自己的生活，生活自然会美下去。我也希望孩子的人生常有鲜花陪伴，积极自信地去迎接各种挑战。”小睡神说。

丰富的花境，有大花绣球、天竺葵、蝴蝶兰、小香松等

阳台花园一角

带靠背的竹椅，让人看着就想坐下喝杯茶

‘雷诺娜’朱顶红

广东的阳台植物清单

春季：天竺葵、朱顶红、郁金香、毛地黄、大飞燕、蜀葵、花烟草、水仙、针茅、铁线莲、角堇、兔尾草、小木槿、风信子、四季樱草、大阿米芹蕾丝、报春花、仙客来、玛格丽特、蓍草、矾根、风铃草、澳洲金锤菊……

夏季：绣球花、蓝雪花、彩叶芋、玉簪、荷花、姜荷花、蓝星花……

秋季：三角梅、垂丝茉莉、蕾丝金露花、禾叶大戟、小香松、姬小菊、百万小铃、文心兰……

全年绿植：霸王蕨、铁线蕨、蕾丝蕨、波士顿蕨、狐尾天门冬、天堂鸟、龟背竹、虎皮兰、百万心、合果芋、蝴蝶兰、五角枫、海岛黄杨、秋海棠、蓬莱松……

树的阳台

——重庆火炉，空盆巅峰100+，带5猫2娃的阳台生活花园

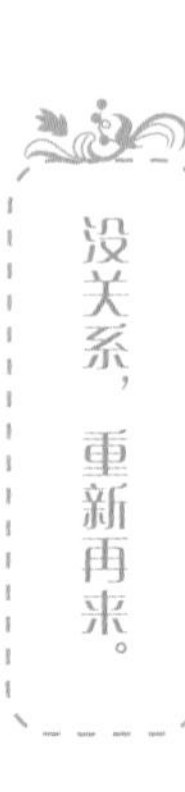

花园名称：树的阳台

坐标：重庆

面积：10m² 左右

朝向：西南

光照时间：有太阳的时候从中午一点开始晒到太阳下山，比较西晒

园龄：5 年

花园特色：小阳台实现四季花开

“最好的生活是忠于热爱，忠于自己。”感受生活的美好，无须奔赴星辰大海，也不必寻找诗和远方，生活就是和喜欢的一切在一起。

树姐的生活日常充满着她所热爱的一切，作为一位即将奔五，有两个女儿的普通上班族，看看她如何将生活过成自己想要的样子。

空盆不可怕，大不了重新再来

树姐人“狠”话不多，和许多重庆人一样，直爽干练、越挫越勇。今年夏天气候恶劣，刚入夏就是晚上大雨，白天晴天高温，到了秋天收了20 多个空盆。“这还不算什么，空盆的巅峰期有 100 多盆。”树姐笑着说。那是树姐刚开始种花，入的“多肉坑”。由于光照少、没有温差，多肉植物在重庆表现并不好。

后来转战月季，从最开始啥都种，到后面明白了要根据自己的种植环境挑选适合的植物，才会事半功倍，这便开始重新再来。

每经历一次空盆，树姐总会说：“没关系，重新再来，现在最重要的是先种好剩下的花草。”看似树姐大大咧咧，但细腻的心思体现在了花园的每一个角落。

树姐家的阳台和大多数生活阳台类似，是一个长方形的外阳台。没有繁杂的设计，分为休闲区和绿植区。在绿植区，根据植物的特性，开花的在一起，不开花的在另一边，形成了它们自己的小社会，自然也就越长越好。

阳台花园一角
植物有毛地黄、朱顶红、天竺葵、兔尾草和花烟草

阳台光照好的时候有 4~5 个小时，便把月季放在最外面一排，风车茉莉、大花绣球等耐阴的一类放在阳台内侧。但由于阳台是西南朝向，夏天西晒，需要给大花绣球拉上遮阳网防止晒伤。

长方形的阳台想要打造花境，需要在靠墙的区域，利用墙体的面积打造更立体的空间。刚好休闲区背靠两面墙，在墙上装好防腐木架，再搭配一些有年代感的木桌、板凳和园艺小摆件，花园的骨架自然就呈现了。

阳台的春天是热闹的球根季，按照树姐的话说，美好的春天岂能没有郁金香。

夏天对于火热的重庆来说浇水是最大的问题。2020 年疫情时树姐开启了顶楼天台模式，在征得邻居的同意后，树姐把不在花期的植物放在楼顶，开花了再端下来。浇水变成了体力活，每次提两桶水要爬两层楼到达，一共提两趟，最热的时候每天都要爬楼浇水。

阳台花园也是猫咪们的游乐园。树姐一共有 5 只猫咪，分别是：泰格、包子、芝麻福、二狗和小白。前不久树姐才为泰格在花园里举行了一场生日派对。

绣球区背靠客厅的落地大玻璃窗，恰好客厅的木桌可以一眼望到阳台上的绣球。

阳台花园绣球走廊

绣球花爆花

花园一角

五只小猫

树姐不仅爱花，也爱生活，一切能让生活更美好的事情，树姐都愿意尝试。为了搭配种的花，开始研究瓷器，用有岁月痕迹的瓷器来盛放爱的花。

为了拍自己种的花，2021 年 2 月她开始学习摄影。为花拍照是最治愈的时刻。每当自己种的花为家里的空间增添了一抹色彩就会幸福感爆棚。将生活过成自己想要的样子，没有多复杂，只不过是把空闲时间都用在了热爱的事情上。

花园杂货一角：狐尾天门冬、花烟草、葡萄风信子、仙客来等

为了搭配种的花，
树姐开始研究瓷器

花园一角

树姐川渝植物清单推荐

月季、铁线莲、朱顶红，各种球根（郁金香、葡萄风信子、原生郁金香、大花葱等），天竺葵等应季草花，风车茉莉、角堇、苦巨苔、三角梅、铁筷子。

花园早餐

改造后的休闲区

植物养护经验分享

一定要选择适合自己种植环境的植物，先看自己所在城市属于什么种植区，然后看自己的花园或者阳台的朝向。多学习，和花友交流。尤其是阳台种花族，最好直接购买配方土，自己配土太累了，也不好收纳，配方土简单很多也会利于爆花。

川渝属于湿热地带，很多花草难以度夏，草花就当一年生，月季不要种太多，其实绣球和枫树还挺适合。三角梅好养，最好盆栽，地栽需要全日照。

树姐说种花可以锻炼身体，提高审美，获得劳动的幸福感和满足感，也不会天天看手机、电脑，保护了眼睛。

钟柳的花园

——广东深圳，5.9m^2 北向阳台，花果菜鸟鱼和谐的生态花园

花园名称：钟柳的北阳台花园

坐标：深圳

面积：5.9m^2

朝向：北向

光照时间：夏天下午会有阳光，冬天是完全没直射光

园龄：10 个月

花园特色：北阳台种满鲜花蔬果，自建鱼菜共生系统

很多城市阳台花友，都面临着空间有限、光照不足的问题。对自己能否在这样的环境种好花，也抱有怀疑，因而不敢去栽种。

深圳花友钟柳在 5.9m^2 的北向阳台，栽种了上百种植物，有很多蔬菜水果：菠萝、人参果、金橘、花叶小青柠、柠檬、番茄、辣椒、薄荷、迷迭香……还有各种花草与绿植，在都市打造了个私属桃花源，过上了诗意农夫的生活。

她的花园还被中央电视台、中国之声、深圳卫视、南方都市报等 70 多家媒体报道。

阳台花园大丰收，桃花源就在身边

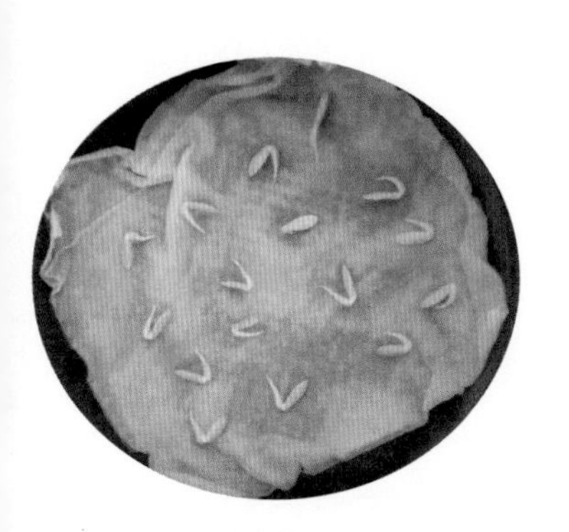

播种的黄瓜发芽了

疫情刚开始，钟柳有差不多两个月没出门。人生第一次宅在家里就能对社会做贡献，这是之前从未想到的。身为热血青年的钟柳意识到不仅要老实待在家里，还要好好利用自己的 $5.9m^2$ 小阳台。从那时开始，便迷上了播种蔬菜和瓜果。

用一个小碗，铺上纸巾，放上种子，喷点水，再盖上塑料膜，用牙签戳几个洞，没多久就可以发芽了。发芽后移植到育苗盆上，当时没有育苗盆，便用一次性纸杯替代。用这个方法种了一大堆番茄、黄瓜、向日葵……

一小个番薯可以一直长，直接掐了就能炒一盘菜。百香果小苗被养成了巨无霸，果子一串接着一串。蔬菜、水果的大丰收甚至让钟柳冒出了想要离开城市回村种菜的念头。

收获的番茄

红薯尖大丰收

钟柳的阳台花园和鹦鹉

绿植墙上的石斛

绿植墙

鱼菜共生系统，浇水不再费时间

在钟柳的阳台上，不仅有蔬菜水果，还有一面由绿植和蔬菜组合的绿植墙。绿植之下，还有一个鱼缸。这是由钟柳自己设计打造的鱼菜共生系统，她也和我们分享了整个系统的打造过程。

绿植墙在装修时就设计好了水电的走位，刷好防水，留好地漏。之后再安装各种管道、智能开关和水泵。

鱼缸实现水循环是利用虹吸效应。在左侧鱼缸进水口安装过滤器，将自来水过滤成适合鱼虾生活的水。鱼缸水通过水泵抽到绿植墙顶部，再在顶部安装出水管道分流成几个出水口，保证每个种植盆都能吸到水。

更换后的水管

种植盆里放了硝化细菌石，可以过滤掉盆中流出的水里一部分对鱼类有害的物质。1~2 周就需要加一次硝化细菌到水里。这部分水将流到右侧鱼缸里，又通过管道，回流到左侧鱼缸。需要注意的是，整个系统要保证管道里不能进入空气，不然这个系统会出现问题。之前就因顶部的水管堵住出水口造成无法实现水循环。后期便将比较细软的水管，换成了较硬材质的水管。

这面绿植墙上钟柳种有 10 多种植物。观叶的白掌、红掌、幸福树、金鱼草、花叶万年青、如意、艾叶、青苹果竹芋、文竹、米竹和各种竹芋、蕨类植物；也有开花观果的：兰花、石斛和辣椒。

鱼缸里的水会用来灌溉这面绿植墙，水里自带有机质，钟柳从来不给植物们施肥，它们也长得郁郁葱葱。特别是辣椒，一直不停地开花结果，但钟柳又不能吃辣，只能不停地给它“剃头”。

绿植墙不仅挡住了不好看的下水管道，还让阳台成了修养身心的好去处。每当在阳台休息时，坐着就能摘到自己种的果子，看着游得特别欢乐的鱼儿，听着叶片相互拍打着的娑娑声。周围的钢筋水泥森林仿佛也变得温柔，大都市的生活节奏也可以慢下来。

阳台种花三大难，钟柳这样解决

在阳台上种植物，通风、光照、病虫害一直是大家最在意的。钟柳为了解决这 3 个问题，她分享了解决办法。

只要阳台不封，是可以保证比较好的通风性。如果怕蚊虫，可以安装折叠纱窗。除了通风问题，光照少才是北阳台的硬伤。为了开花结果大丰收，钟柳安装了 4 个植物补光灯。

除了光照十分充足的夏天，其他时间补光灯基本都是从 9：00 开到 17：00。光照好了，植物可以长得更好，果子也能更快成熟。

许多人害怕在家里种植物，担心病虫害的问题。其实只要将新买回来的植物，检查清楚有无病虫害，在土里撒上小白药杀虫卵，再用多菌灵兑水喷洒叶片和灌根，就不用太担心。

之后和原来的植物隔离开养一段时间，确保没有病虫害了，再和阳台原本的植物放在一起。同时，安装纱窗也能有效避免一些虫害。平时养护时，一旦发现不健康的叶片就及时摘掉，将病虫害扼杀在摇篮里。

阳台上除了观赏的绿植，还可以种能开花结果、有香味的植物：人心果、花叶小青柠、番茄、辣椒、薄荷、迷迭香……

一些耐高温的水果在漫长的夏天，可以表现得很优异，比如菠萝、金橘、柠檬。

钟柳的鹦鹉“小鸡”

芋头

硕果累累的海棠果　　朝天椒

深圳的夏天漫长，所以会在气温降下来之后种上草花，像是凤仙花、矮牵牛、玫瑰海棠、菊花、倒挂金钟、小丽花……有花有果更是美好！

钟柳推荐同地区的花友可以种番薯叶、葱、芋头、黄瓜等蔬菜，水果可以种人心果、柠檬、金橘、百香果、菠萝、无花果……如果场地够大，甚至还可以种杧果。

想要果子结得多、收成好，可以这样做：底部埋农家肥，隔开根系，不然怕烧根，如果盆够大的话，可以在盆土边缘挖个小洞埋骨粉。春天秋天还可以施饼肥，不过饼肥很臭。

如果盆小，安全起见，还是撒点缓释肥；光照不够，就需要用补光灯增加光照。

小小的空间，也可以拥有大大的梦想。而且只要去栽种就会发现，园艺的快乐不会因为空间的狭小而有丝毫减少。

冇园

——湖北大冶，拆窗实现爆花阳台，装有智能滴灌的花园

中中后来拆除了阳台上所有的玻璃窗，剩下的窗框也给了爬藤植物生长的自由。

窗台上种满了矮牵牛、旱金莲等爆盆草花

花园名称：冇园

坐标：湖北大冶

朝向：朝东

园龄：16 年

花园面积：$10m^2$

花园特点：利用爆盆草花、绣球、铁线莲、朱顶红等让阳台热烈灿烂，同时留足休憩的空间，人与花一同生长。

喜欢种花的人，总是可以找到地方种下一棵植物。我们见过许多人在狭窄的窗台、阳台上种花，他们对生活投入无限爱意，也给路过的人提供好风景。

种花，是一种顺势而为

4 月底，月季花苞在春风里刚刚苏醒，绣球仍在等待，花架上的朱顶红钻出来两朵。中中阳台上的矮牵牛一团紧挨着一团，一点都不吝惜自己的花苞，完全展开。铁线莲几支，紫边白芯，贴着窗框往上。旱金莲像瀑布一样向窗外倾泻而下，橘黄的小花点缀在鲜绿叶丛，多么明艳热烈的阳台啊。

室内窗台上种的长寿花、矾根、兰花等

初看这阳台，还以为主人是位心思细腻、活泼浪漫的少女。采访中才知中中是位男士，今年50多岁，种花已经16年了。

2005年，中中拥有了这个二楼的阳台，阳台大概10m^2，朝东，平均光照3小时。最初阳台是封闭的，设计有水景，养有几条金鱼。但在使用过程中无法处理渗水问题，后来全部拆除，于2012年左右改为现在的阳台花园。

原来的鱼池用防腐木做了封闭抬高，里面存放土、盆等杂物，上面摆花，节省空间还丰富了阳台层次。

封闭阳台养花有三个硬伤，通风不够、雨水淋不到、采光不够。

但因为有限制，创造力才得以发挥。中中针对这三个问题，不断摸索和调整，渐渐找到最适合自己的方案。

首先是通风，中中后来拆除了阳台上所有的玻璃窗，剩下的窗框也给了爬藤植物生长的自由。

其次是浇水问题，夏天和外出时，盆栽缺水就成了大问题。所以中中在阳台上安装了智能滴灌系统，日常可以根据植物种类、温度、花盆大小设定浇水量。

像绣球夏季需水量很大，会定每天 7：00、10：00、15：00 各滴灌 30 分钟，保证绣球的蒸腾量，又能有效降低盆土温度。

最后是采光。中中没有用补光灯，而是通过植物选择和分区管理来解决采光问题。根据对光照的不同需求，将整个阳台的植物摆放大致分三块。挂在窗外的多是绣球、矮牵牛、朱顶红、天竺葵、金莲花、铁线莲等；养在窗台的有绣球、长寿花、矾根、兰花、苦苣苔等；球兰养在最靠里的座椅背后。

每年 4 月中旬到 6 月中旬是阳台的高光时刻，7~10 月则是三角梅和蓝雪花的天下，其他季节靠兰花、球兰等绿叶植物支撑。

四季轮回，花儿草儿一茬茬地生，又一棵棵地逝，记录着时光的流逝，记录着生命的无常和永恒。

除了植物，阳台上还有一块地方是留给人的。中中说：“花儿与我们都需要安身空间。”

窗台上的铁线莲和矮牵牛，呼应成景

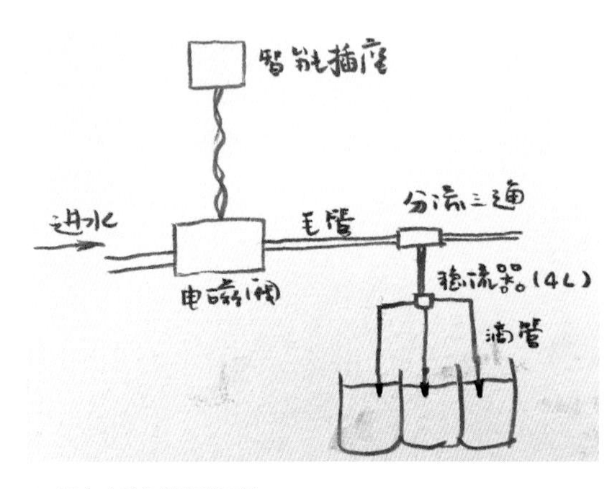

阳台上的智能滴灌系统

窗台上的铁线莲

中中养在窗内窗外的大花绣球，5 月全部爆盆

所以在阳台里面，中中最满意的部分是那个双人座椅，能和家人一起经历阳台的春花烂漫、夏夜蝉唱、秋风徐徐、冬阳暖暖。

中中拍摄的青苔微观

从热烈到淡然，爱上苔藓

“这个花园好像是自然而然就成了现在这个样子。花园与自己的状态相关联，你是什么样的人，就会有什么样的花园。”

中中这样描述他花园的生长历程。热烈灿烂的是花园，静谧祥和的也是花园。最近花园里多了很多苔藓景观。

2021 年年初，中中和朋友去爬山，发现林间有一片青苔。乍看是一片低调的深色，但细看发现沉稳墨绿中跳跃着妖娆翠绿，继而是婴儿般的嫩绿。

孢子体的茎，细若游丝、娇得发红，孢子在阳光下闪闪发亮！就像寂静之地突然一声黄鹂鸟的鸣叫，春寒料峭的寒凉，猝不及防地被这片青苔唤醒！

中中满心欢喜地挖了一小块回家，没想到竟然完美存活，后来还自己长出一些蕨叶，一年时间越来越迷人了！

后来又去附近公园寻找，也找到一些青苔，带回家往各种容器里种，大大小小的种了好多。青苔因其容器可大可小，容易摆放、耐阴耐寒又生机盎然，已成为中中的案头新宠。从欣赏满盆花开，到欣赏植物生长本身，体会生命的韵律，于人、于花园，都是一种成熟吧。

中中说："其实种花于我最大的收获还是过程，一种陪伴、一种从无到有、从弱小到繁华再到衰败的过程。"

因为种花，中中喜欢上微距摄影，发现自然中的微观世界。上图是一次散步时，拍到的蚂蚁牧蚜。

"一切的欣喜、挫败、满足和忧郁都在养护的植物上有所体现，好在体验过且还在变化的过程中。"

我们给植物浇水施肥，看它们一天天长大。反过来它们也会反哺我们，让我们精神富足，给我们创作的灵感。

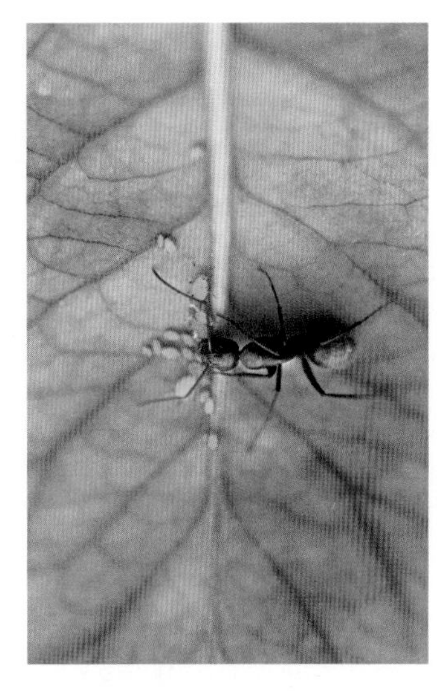

蚂蚁牧蚜

朱顶红是阳台上年纪最长的植物，年年开花、年年抱崽，十几年来分享给花友们N次小球。

中中阳台爆花干货分享

1. 草花爆盆经验

（1）选择容易爆花品种；

（2）秋播，给足营养生长期；

（3）水肥跟上，生长期每次浇水都带薄肥，以水溶性肥为主；

（4）打顶，矮牵牛一直打顶到满意为止，旱金莲打顶 2 次就差不多了；

（5）尽量晒晒。

2. 绣球种植要点

（1）每年要换盆补充新土和底肥；

（2）淡肥勤施，随水浇；

（3）老枝品种 8 月初对开花枝条修剪，触发底部芽点萌发，限制高度；

（4）度夏采用滴灌和套盆的方法降低根系温度保证绣球夏天正常生长。不用遮阴。

3. 哪些植物适合在湖北地区种植呢？

大多数花园植物都可以尝试一下，经测种难度不高的植物有：绣球（比如‘无尽夏’‘太阳神殿’‘花宝’‘花手鞠’‘魔幻海洋’以及日系的品种都不错）、月季、天竺葵、铁线莲、旱金莲、矮牵牛、玛格丽特、蓝雪花、长寿花、各类球根（朱顶红、酢浆草、百合、水仙等）、风车茉莉、喷雪花、各类兰花、球兰、矾根等。

中中拍摄的微观蚂蚁世界

图克的花园

——北京，室内养70多种植物，化石、植物、昆虫做标本，摩登都市的自然博物馆

这些天然的东西有一个特点，就是你在世界上完全找不到一模一样的。

园主：图克

环境：室内窗边

坐标：北京

特色：作为一个泛自然爱好者，图克不仅在家养了70多种植物，还有化石钟表、海胆夜灯、矿石标本画等。

我是会把自然牵回家的原始人

图克自称是一个会把自然牵回家的原始人，他住在北京。

“北京是只要你不断出卖自己的时间，就可以获取价值的城市。”

曾经他也身处朝九晚九忙碌的都市洪流里。可能赚到很多钱，但是没有自己的生活时间。

初到北京的时候，图克有幸做过一年多的生活方式内容编辑，看到许多别人的生活和家居，也让他开始思考什么才是自己想要的。“2015年买下第一棵植物——琴叶榕，开始把自然牵回家，想要可以饱腹的微薄收入，但过自己喜欢的日子。”

图克和他的空气凤梨养殖框

图克的家是一个小 LOFT，不到 $40m^2$，但养了 70 多种植物。

其中有 30 多种天南星科植物、20 来棵空气凤梨、10 多种秋海棠、5 种鹿角蕨，还有 1 棵很高的巨叶王冠蕨。

房间坐南朝北，完美避开全日照的养花环境。除了下午 5、6 点有一会儿西晒的光，平时就只有明亮的散射光。这也并不妨碍图克在家里栽种森林。

几年实战经验下来，植物都慢慢调整到散射光最好的窗边区域，靠里的空气凤梨养殖框，每天会用 30 瓦的补光灯，照明 10 小时。

巡视一圈图克的家，会发现这里像一个自然博物馆，各种收集来的自然之物，加上一点点手工才能，万物经他之手都可上墙。

用化石做钟表，指针每走一下就是一个纪元；用海胆做夜灯，小众又高级；墙上还曾经放过乌干达花金龟、世界上最毒的螃蟹、矿石标本画、家里的热植叶片……

窗边光照最好，也是主要的植物角落

热植叶片标本和各种昆虫标本

“这些天然的东西有一个特点，就是你在世界上完全找不到一模一样的，收集起来就很有成就感。”每一株植物、叶片也是。

和植物同处一个空间，图克有更多机会和它们互动，以前他就特别喜欢摸它们，但因为下手太重，经常把叶子摸伤……

图克说：“一开始养植物的时候，一碰泥土，全身汗毛都竖起来了！”而那天晚上，我发给他采访提纲的时候，他说：“正在玩泥巴！”

四年间，从植物收集转向泛自然收集

Q：给新手推荐几种好养的绿植。

A：1. 空气凤梨。50元以下的品种，养护几乎没有难度。每日喷水或者5天泡水一次，强散射光处养护即可。放办公室也可以养得活。没有土，所以不会有什么小虫子之类的烦恼。

2. ‘希洛美人’彩叶芋。叶片上有迷彩服一样的花纹，放在散射光处3天一次水即可。

3. ‘龙鳞’海芋。样子非常阳刚有特点的一款海芋，花纹十分高级美。

4. ‘白锦’合果芋。新手喜欢锦化植物的话，可以从‘白锦’合果芋开始养起，价格非常便宜，散射光养护即可，还可以水培扦插。我的都被我扦插满了家里的瓶瓶罐罐，干净又卫生。

「灿烂」蔓绿绒、「铜叶」海芋、「苏拉威西」海芋、「红背」秋海棠、「鳟鱼」秋海棠

居居的花园

——广州，90 后女孩的种菜初尝试，土培水培好看又好吃

蛋壳、牛奶盒、酱油瓶、泡沫箱等都是花器。

园主：居居

环境：朝北阳台 1.25m²+室内客厅

坐标：广州

特色：利用蛋壳、牛奶盒、酱油瓶等水培蔬菜，用零成本实现的快乐。

“我水培的花生长得像敦煌飞天，这件事让我兴奋了好几天。”

从上学到工作，90 后的居居在广州生活了近 8 年。疫情反复，生活和工作都受到了很大影响，居家时间变多。居居在北向阳台种菜，楼间距很密，几乎无阳光直晒。

2022 年 2 月底居居开始土培，3 月底开始水培，土培了香菜和小葱，水培了豆苗、小葱、大蒜、洋葱、生菜等。而所用耗材基本是零成本：蛋壳、牛奶盒、酱油瓶、泡沫箱等都是花器。

居居还详细记录和分享种植笔记，收到了众多网友点赞，并在这个过程中，找到了自己喜欢的生活状态。

居居水培的蔬菜

水培豆苗

在职场上，处女座的居居是一个对自己高要求的工作狂，会经常因为工作细节而睡不好觉。种菜后每天下班回家给蔬菜浇水、换水、松土，可以让她暂时忘记工作的烦恼。然后每天带着美美的心情去上班。每天摘自己种的蔬菜做美食，再期待下一次种什么，这个过程很有成就感。

植物也会带来好多的惊喜。比如水培的花生长得特别像敦煌飞天，这件事让她兴奋了好几天；水培的芥菜在第 22 天开花了；想要放弃的草莓种子，竟然发芽了……

同样是下班后的闲暇时光，种植、记录和分享带来的这种放松、成就和惊喜，是玩手机所不能带来的。

“所以种菜后心态平和了很多，相比之前在工作上喜欢钻牛角尖，现在的我会更加佛系，也很喜欢下班后慢生活的状态。”居居说。

关于水培豆苗的建议：

1 为什么青豌豆会烂？

青豌豆豆子软，湿度大就很容易烂，所以种植期间要控水，通风！不能太湿，水也不能泡到豆子。

建议南方的朋友和新手，春天还是选择麻豌豆吧。

2 为什么我的豌豆可以收三茬？

我这次水培的是青豌豆，豆子大，本身储蓄的营养更多，所以可以活得更久。

如果种的是麻豌豆，第二茬长得就不好，采收一茬后 2 个星期，豆子就空了，豆苗会开始烂掉。

想一次收得多，建议选麻豌豆，很容易爆盆，想种得久建议青豌豆。

……………………………………

附教程：

1 泡豆：泡豆时间建议夏天 8-12 小时，秋冬 24 小时。

2 平铺和保湿：泡好豆后平铺在盘子里，用纸巾敷在上面保湿。

3 底盘加水：长苗前底盘的水少量保湿即可，长苗后泡到根就行，一定不要泡到豆子。

4 换水：每天勤换水，并且要放在通风处。

5 阳光豪：豆子长苗后可以撤掉保湿纸，豆苗对光照的长短要求不严格。

6 采收：采收的时候留芽点，青豌豆最多可以采收 3 次，麻豌豆最多 2 次，甚至只能 1 次。

水培豆苗笔记

千张的花园
——江苏南京，把绿植挂满墙，摆满屋，还原自然丛林

自己的东西不多，就想把空间让给植物。

园主：千张大条条

环境：室内空间

坐标：江苏

特色：花友千张在家养护300多种植物，每天在家第一眼醒来就能看到绿色，就像住在森林里。

植物给了我一个会生长的家

初看千张的家，很多人都担心他被虫子淹没，但他说，真的没啥虫，请大家放心。

千张养植物始于2020年新冠疫情，看家里很空旷，所以买来几盆植物养在阳台。随着对植物

千张淹没在植物里

客厅充满植物

习性越来越了解，就越种越多，让它们真正融入自己的家，变成了现在的室内森林。

如今这里住着千张和蔓绿绒、海芋、竹芋、龟背竹、绿萝、常春藤等 300 多种植物。

“自己的东西不多，就想把空间让给植物。”

毕业后，千张仍然一直保留着在大学宿舍里的收纳习惯，充分利用每一处空间，和他的植物室友们和谐相处。家里有各种可自由滑动的花架、置物架，这样方便打扫卫生，又能随时腾出来一个相对空旷的空间，带来新鲜感。并不会觉得种了很多植物而感到拥挤。

正如我们所见，千张的植物室友们，居住在阳台、客厅、过道、卧室、书房等每个地方。每天从床上醒来的第一眼就能看到绿色，就像住在森林里。

“住在森林最直观的感受就是每天不会面对空荡荡的大白墙，家里的每个角落都是风景，并且会随着时间不断地变化，家不再是一成不变的，而是一个会生长的家。”

Q：在室内种花，有什么开心的事吗？

A：每天都很开心，因为家里的植物比较多，并不是每天都会注意到每一株植物的状态，所以经常会遇到一些小惊喜，比如竹芋竟然开花啦，蔓绿绒的叶子又变得更大了。但其实最开心的是因为养植物认识了许多新的朋友，特别是现在养室内植物的大家都是热爱生活的人呐。

Q：可以给新手推荐三种好养的绿植吗？

A：1.‘快乐叶子’绿萝：非常好看的花叶绿萝品种，性价比非常高，注意土壤干得差不多再浇水，在明亮散射光下才能生长得好，不能太阴，也不能阳光直射暴晒，很适合养在房间靠窗的位置。

2.荷兰铁：是十分高大的绿植，只要有足够明亮的散射光，就能持续生长，且十分耐旱。一般花市购买的荷兰铁都是黄泥土栽培，回到家后把根系连土全部敲掉，只保留茎秆部分的粗壮根系，用大颗粒混一定的泥炭种植，浇透一次水后，很快就会长出新的根系。

3.龟背竹：在室内绿植中，龟背竹绝对比其他任何物种都要好养，它的生命力极其顽强，既耐旱又耐涝，想要让它生长得更为迅速，最好的办法是放在一个光线充足的地方。也要记得定期使用液体肥，这样新的叶子才能不断变大。

卧室因为植物而更加丰满

千张的客厅

午阳的花园

——浙江杭州，与几百盆植物当室友，绿植控的室内小森林

生活只要你想让它美好，它必定就能美好！

花园名称：午阳的花园

坐标：浙江杭州

类型：室内花园＋露台

花园特色：和植物做室友，午阳在室内有光的地方几乎都种上了植物

曾经有花友说，恨不得把床搬到花园去，直接睡在里面。

我们采访的这位花友，她把家变成了一个花园。她的床、沙发、桌椅、板凳都在花园里。

与植物同居

午阳每天早上睁开眼，看到的不是天花板，而是满眼的绿。

洗澡后晾头发的间隙，午阳拿着水壶巡逻，看看哪盆土干了，浇点水。浇完坐在沙发上，墙上垂下来的‘云母’蔓绿绒碰碰她的肩膀，跟她说早安。

2017 年午阳刚搬进来时和现在的房间对比

早上睁眼后映入眼帘的绿

植物就是午阳的室友，她花很多时间来观察它们。

“每每看到植物抽新叶，我就会很开心，很期待，会不会比上一片大，叶子脉络是不是跟上一片不一样！‘魔镜’秋海棠天气热的话，叶脉很粗！”午阳说。

“每位室友也都有自己的性格，给它的环境变了，它是会耍脾气的。比如龟背竹小苗光线好的话叶片更大，开背也更好，弱光就很少开背或者不开背。”

午阳的家其实很小，加上露台也不过 $60m^2$，却摆着好几百盆植物。她喜欢和它们一起宅在家里，雨天在阳光房听雨声，晚上去露台吹风，身边总有绿色环绕。

走进午阳的花园

午阳坐标杭州，家是一个顶楼小套房。有一间大房间，配卫生间、厨房各一个，厨房外面有一个小小的阳光房，外加一个露台。顶楼的光照特别好，所以午阳能大展身手，能种的地方都没空着。

我们从室内花园、阳光房、露台花园一一来看。

室内花园也就是午阳的卧室兼客厅。房间有个大窗，朝向西南，光照很好，基本从 12 点开始就有阳光直射进来，一直到太阳落山。

里面的植物依据光照来摆放。靠近窗边的阳光最好，是喜光植物聚集地。为了充分利用阳光，午阳不仅在窗台、柜子、小桌上摆满植物，连窗帘杆也用上了，窗帘倒成了摆设，几乎从来不关。

往里是一个圆形的木桌面，这块区域像一块植物小岛，将宽敞的地板分隔成曲折小径，增加了花园的丰富度和耐看性。圆桌面上摆喜光和喜散射光的植物：球兰、'白锦'合果芋、'白兰帝'蔓绿绒、'纪梵希'秋海棠、袖珍椰子、'龙骨'仙人掌、鹤望兰等。

接下来是床尾处的区域，因为旁边是通往露台的门，能提供上午 9 点到 12 点的阳光，所以靠门摆了秋海棠和一些天南星科的植物。床尾的墙面上还有牵引的绿萝，与对面沙发墙上的爬藤绿植呼应，让房间更有原始、野性的森林气息。房间其他光线弱的地方就放耐阴的绿植，比如蕨类、竹芋类。

绿植虽然不及开花植物有强烈的仪式感，但它们也用自己的方式响应季节变化。

"'鳟鱼'秋海棠春天的新叶是粉色的，夏天则是嫩绿色。天冷时，'魔镜'秋海棠的叶子背面很红，夏天红色就变浅好多。"

"它们很安静，却又充满生机。"

窗户区摆了仙人掌、球兰和秋海棠等植物，为了控制温度，夏天有时候会24 小时空调伺候

走出房间，再去看阳光房

阳光房挨着厨房，一开始本来是个阳台，但因为会漏水到楼下，所以在上面加了层玻璃避雨，就变成了天然阳光房。午阳在这里养一些多肉仙人掌和喜光的植物，尽管狭窄，但对植物来说绰绰有余。

窗下那面带着发霉印记的老墙，午阳特别喜欢。它记录着淋过的雨、晒过的光，像是岁月流逝后留下的皱纹，自然而美丽。阳光房旁边的厨房，也算是半个花房了。餐桌、椅子、柜子都是植物的地盘。

最后是露台花园，相比室内，这里倒显得宽敞许多，比植物更先吸引目光的是墙。

午阳是个绿色控，看到绿色的东西就忍不住想买：拖鞋、电风扇、杯子、衣服……所以这面薄荷绿色的墙便应运而生，从灰扑扑的楼房背景中跳脱出来，看着就让人感到快乐舒畅。

露台上的植物高高低低沿墙摆着，前一阵露台的绣球开得特别美，午阳浇水的时候不小心折断了，捡起来插在花瓶，它依然继续绽放。把一件本来令人难过的事，变成快乐的事。“让我觉得生活只要你想让它美好，它必定就能美好！”

靠近露台门口的秋海棠和一些天南星科植物

厨房也是半个花房，出去就是阳光房

阳光房里养了多肉、仙人掌等喜光植物

有圆桌平台和以前没有的圆桌的对比

露台的花园

Q1、在家养植物会招很多虫吗？

A：蚊虫和你的养护环境和养护方法有很大关系。

我一般换盆时会在土里加杀虫杀菌的药（比如小白药、小粉药）。杀虫剂一般是让昆虫的神经系统紊乱，对哺乳动物和水生生物是安全的。通风良好，处理得当，不太会有飞虫困扰的。

Q2、有人说室内养太多绿植不好，晚上会抢氧气？

A：不会啊。有人计算过在室内放置30棵高大植物一晚上消耗的氧气，才相当于一个人一晚上吸收氧气的总量。事实上，你也不会因为房间多了一个人，而感觉呼吸不畅。而且我们的家里也不太可能放这么多植物的。

Q3、您觉得哪些植物适合养在室内？

A：我自己养的大多是天南星科植物，秋海棠科，可以阴生的各种竹芋类、蕨类、球兰等。比如龟背竹、春羽、琴叶榕、天堂鸟、橡皮树、大叶伞、鸭脚木、心叶榕、袖珍椰子、彩叶芋，以及各个品种的秋海棠；

'青苹果'竹芋、美丽'竹芋'、'双线'竹芋、'紫背剑叶'竹芋、'叶蝉'竹芋、波士顿蕨、鹿角蕨、鸟巢蕨、凤尾蕨、蓝星水龙骨、巨洞龟背、仙洞龟背、姬龟背、云母、'柠檬汁'蔓绿绒、'巴西金线'蔓绿绒、'大理石女王'、'萨丽安'海芋、'黑天鹅'海芋、'绿天鹅'海芋、'斑马'海芋、'剑叶'海芋等海芋类。

各种各样的秋海棠

Q4、关于室内养绿植，您有什么经验分享吗？

A：新买回来的植物可以先去查一下适合它的土壤、光照、水肥情况、温度、湿度等。

没有经验照书养，慢慢熟练可以按照自己的理解去配土，也可以尝试不同的光照环境，再研究水肥情况，在不同的温度和湿度的情况下观察植物的变化。经验就是这么来的，慢慢你会发现书本上没有的东西。

摄影　大姚

露台花园

Part 3

小夏的花园

——浙江湖州，20 多岁男生回归家乡茶山，在屋顶打造全盆栽花园，盆盆爆花

花园的名称：小夏的花园

坐标：浙江湖州

类型：露台

朝向：正南

园龄：4 年

花园面积：$60m^2$

光照时长：全日照

花园特点：坐落于茶山的浪漫花园

在“996”“内卷”这些词频繁上热搜的当下，回到家乡种一院花，和家人一起看花开花谢，度春夏秋冬，或许是很多热爱植物的打工人放不下的遥远的梦。或迫于生计，或因为其他，能放下一切追梦的人并不多。园主小夏，一个 20 多岁的大男孩，毕业后回到家乡，用 4 年时间，打造了一个绚丽到不真实的花园。

第一次看到小夏的花园，是因为右边这张照片。一棵盛放的小木槿棒棒糖下，坐着一位老奶奶，和蔼地笑着，让人一看心里就暖暖的。

小夏还种了好多盆开成花球的玛格丽特，只见花不见叶的铁线莲‘银币花柱’，各种爆盆的月季…… 天呐，是怎么做到的？

小夏的奶奶与小木槿

回到老家，种一院花

2017 年的 6 月，小夏从大学毕业。

学习美术设计的他，身边同学大多进了大公司，有的做动漫，有的当设计师；而他，选择回到老家浙江湖州。这是茶圣陆羽写就《茶经》的地方，是茶文化的发源地。一到晴天，澄澈的蓝天上，飘着一朵朵棉花糖般柔软的云。蓝天下是连绵起伏、一眼望不到边的茶山，像漫画里的画面。

小夏在老家，一个弁山脚下的小山村，帮着家人经营茶山。忙碌的采茶期一过，就有大把属于自己的时间。做点什么好呢？喜欢植物的小夏，开始种花。

他栽种的第一棵植物是小木槿。容易爆花的小木槿，给小夏带来了极大的成就感：“一个小阳台的小木槿开了上千朵花。”于是他看着空空的露台想：“为什么不把这里变成花园呢？”

就这样，一盆盆花不断入住，空荡荡的露台很快变成了花海。几十种植物，各个爆盆。为了方便维护管理，小夏选择了纯盆栽打造露台花园。追求爆盆的他，不论是什么品种，在他的花园里，都被“盘”成圆润可爱的模样。

现在花园已经有了几十种植物，包含各种月季、铁线莲、风车茉莉、小木槿、向日葵、绣球，还有玛格丽特、六倍利等草花，以及草莓、蓝莓、番茄等水果蔬菜。一到春天花儿各个爆盆，极具冲击力，轻松实现切花自由。花园的玛格丽特，有的甚至都盆栽四年了，最大的冠幅有 1.5m，是花园的高光植物。

到了夏天则是蔬菜水果成熟的季节，虽然都可以买到，但自己种的，吃起来总觉得特别甜。这么多的植物，每天浇水、施肥、打药、修剪，再发呆看看花，抬眼望去，是一座座茶山，满眼的绿色。60m^2 的露台花园，与如画的山村风景，足以让小夏的乡居生活无比充实。在日复一日的生活中，心静下来，感受着简单的浪漫。

晴天的茶山，像极了动漫里会出现的场景

开成花柱的‘银币’铁线莲，盆盆爆花的草花

爆盆的露台花海，最多的是玛格丽特

盛开的‘藤彩虹’月季

不必向往远方，美好已在身边

对小夏来说，花园带给自己的，不止盛开的满足与喜悦，更让他与家人有了更多共同的美好时光与记忆。

配土、浇水、搬花……只要有能帮上忙的地方，都有爸爸的身影。奶奶很喜欢小夏的花园，经常上楼来赏花，还非常愿意当模特，和花儿一起拍照。妈妈也会在花鸟市场买一些漂亮的花回来，装点花园。买的那棵牙签大的‘藤彩虹’，在小夏的悉心照料下，当年就开成了花瀑布，一面花墙就像天空投射下来的彩虹。

也就是这面‘藤彩虹’花墙，让小夏的花园在村里出了名。对长辈们而言，绚烂多彩的‘藤彩虹’，就像我们眼中的‘粉色龙沙宝石’一样美，村里的叔叔阿姨们无不夸赞。妈妈特别自豪地向别人说：“我儿子养花特别棒，不懂的可以问他。”

在去年，家里的院子还评上了当地的美丽庭院。小夏说：“这简直就是我的最高光的时刻。”

当然，也有人说，“养这么多花，花这么多钱，简直就是在不务正业，你养这么多花卖了几盆了？”

但小夏认为，他收获的美好与回忆，远不是金钱可以衡量的。

有辛苦，更多快乐

其实经营茶山，种一院花，并不像表面看起来的那样轻松简单，诗意浪漫。

理想与现实总是有差距，一旦忙起来，可能连吃饭睡觉都在赶时间。事情很容易堆积起来，变得杂乱无章，整天都要忙于很多零零碎碎的琐事。

采收茶叶就是在和时间赛跑，特别是每年清明前后，那时正值茶山采收期，手里的每一芽都很珍贵。每年就只有这 20 天的黄金时间，过了这一个月就得再等一年，就算下雪下雨也得收。采茶、统计订单、安排发货等一系列流程，都需要在短期内迅速完成。

但对小夏来说，能和家人生活在一起，能种花，就足够了。他时常和家人一起做美食：滚圆子、做青团、酿红曲酒、熬蜂蜜柚子茶、做糖葫芦、晒柿饼、包粽子、做黄桃罐头……

也会晒自己种的花，分享养护经验。

“一开始身边的朋友都不太在意我分享的种花故事，最近两年陆陆续续有很多同学说，想要来家里做客参观。”小夏开心地说。

在网上也有越来越多的人关注到了这个温馨的花园，小夏还结识了许多有趣的花友。这些，都是种花之后的收获。

海妈说，种花、学习，和向一个人说我爱你，都要即时去做的，不要等。不是每一个人都能像小夏这样，可以回到故乡种一院花。但是，只要有一个阳台，甚至一个窗台，一个飘窗……只需要那么一点光亮和土壤，我们都能种下自己的植物，拥有自己的花园。从一盆植物开始种起，便会收获意想不到的美好。

玛格丽特已经盆栽四年，最大的冠幅有 1.5m，是花园里很吸睛的存在。

来自小夏的月季爆盆干货知识

* 花盆选择

新手尽量选择排水孔较多的花盆，如青山盆。口径选择根据植株大小，换盆时大一到两号即可。

* 植料选择

配土以疏松透气、保水保肥、不易板结为最佳，新手推荐直接购买正规店铺的优质营养土。

我的土是自己配的：10~30mm泥炭8份、椰壳2份、珍珠岩或者其他颗粒1份（单独珍珠岩建议0.5份即可）、占盆土比例5%~10%有机肥（如腐熟羊粪、蚯蚓粪等）、奥绿缓释肥1把，拌匀即可。

施肥

底肥可以选择羊粪等有机肥，或者是奥绿这种缓释肥；

长苗期用三元素复合肥加液肥，1周1次水溶灌根加喷叶。

花期用磷酸二氢钾水溶灌根加叶面促花，1周1次，薄肥勤施。在月季花苞开放前尽量追施一波叶面肥，使花朵更加标准。

夏季高温时节月季可全部停肥，或者提高肥料稀释比例3倍左右使用，如之前1000倍的水溶肥，夏天就稀释到3000倍。

入冬前停止氮肥，用磷钾肥壮枝，促使枝条木质化，准备过冬。

冬季要埋大量有机肥准备春天爆花。

打药

讲究预防为主，发病治病对症下药。

月季各种病虫害完全可以预防，1周1次的广谱杀菌：如百菌清、代森锰锌、世高、噁霉灵

等；1 周 1 次的广谱杀虫剂：如吡虫啉、阿维菌素等，就可以有效预防。

修剪

月季群开最大的因素就是良好的修剪习惯，想要月季集体群开就要统一修剪：统一修剪时间、修剪高度。

一盆月季同一天修剪，下波花开放时间也是相对接近的；相对强壮的枝条留低一点，相对弱势的枝条留高一点，来调节后期开花长势，以此来控制整盆群开。

* 底部空间管理

底部需保持空间通透，修剪掉细弱老枝、盲芽盲枝、干枯病枝等。底部 20~40cm 高度没有叶片，露出清爽健壮一级主枝为最佳，需注意，新发的笋芽为今后一级主枝，务必保留。

小夏的画

爆盆的月季‘新浪潮’

七弦花园

——四川成都，60后夫妻携手打造都市里的诗意田园，四季花开，果蔬齐全

花园名称：七弦花园

园主：关语

坐标：成都

面积：$180m^2$

园龄：6年

繁华都市里的田园牧歌

不知你是否看过《人生果实》这部纪录片。片子的主角日本建筑师津端修一与妻子英子隐居山林，在院子种了上百种蔬果，过着诗意田园的生活，让无数人感动、向往。

在成都，也有一对60后夫妻，在自家楼顶打造了一个四季花开、果蔬齐全的楼顶花园，在喧闹繁华的都市，过着诗意恬淡的田园生活。

于是我们带着相机和期待，伴着工作日早晨此起彼伏的喇叭声，来到了关语姐姐家。

刚进门就闻到淡淡的香薰，门口有棵疏落有致的琴叶榕，墙上挂着两幅国画，分别写着："春夏是瓜果""秋冬是菊花"，是陈寿岳先生的作品。所见所感，清凉雅致，让我对这个楼顶花园充满好奇。

关语姐姐和老公杨哥在花园和猫咪玩耍

四层花园的全景图

四层错落有致的立体花园

关语姐姐的楼顶花园总共分为四层，是一个高低错落的立体花园。每层的光照强度不同，栽种的植物与花园的主题也各不相同。整体以蔬菜瓜果为主，这样不仅春天可以看花，夏天还可以收获果实。

从书房望出去，便是花园的第一层，约 30m^2。因为光照强度在四层里是最弱的，便做了一个中式园林花境，沿内墙造了一个小水池，其中有鸢尾、睡莲、水葫芦，还有金鱼数尾。

花池中有中华木绣球、'贝拉安娜'绣球、芭蕉树，以及爬满右边整面墙的凌霄和早年间在海妈这里买的桃树。桃树春天爆花时，便是诗经里“桃之夭夭，灼灼其华”那番明艳动人的景象。等到夏日，繁花谢去，红彤彤的桃子便挂满树枝。冠幅 1.5m 左右，种在 $2m^2$ 大的花池里，但竟然能结上百颗桃子。

从阳光房东面的落地窗外望出去，便是花园第二层，约 $40m^2$。二层花园阳光很好，猫咪常在这里晒太阳。这一层种了李树、苹果树，以及海棠、合欢。拱门上爬着‘夏洛特夫人’，木格栅上飘香藤随风轻摇。中间是主要的活动场所，摆放了桌椅，常常酒香茶香四溢，欢声笑语轻飞。

第三层面积约 $20m^2$，种的全是果蔬。有枣、杏、柿子、蓝莓、樱桃、柠檬近 10 种果树。关语姐姐想打造一个生态果园，不愿拉网、不用纸包果子，更不愿打药。但果树虽然多，收成并不好。很多都被鸟儿吃光了。作为“果农”，关语姐姐是不合格的，甚至有点“痴”，但她说，“园艺的乐趣在于栽种、观赏”，看到花开了，结果了，就很满足了。

第四层是花园的最高点，面积也最大，有 $70m^2$。其中有个 $15m^2$ 的木平台，上面有秋千，是赏景最佳处。木栅栏、护栏上等地方，种着月季、天竺葵、蓝雪花等皮实好养的花卉，中间是花园的主体——菜园。种满茄子、海椒、番茄、四季豆，高架上还挂着丝瓜、苦瓜、葫芦瓜，每到夏天，新鲜的蔬菜根本吃不完。当然，第一批产出的瓜果蔬菜，总是会先送给妈妈。

花园一层俯视图

楼顶花园的诗意慢生活

猫咪在餐桌休憩

关语姐姐建造楼顶花园，是为了追寻儿时在乡间田野的快乐时光。造园 6 年，她和丈夫不仅在花园中找到了儿时那般纯粹快乐的时光，也有了很多珍贵美好的回忆。

一层花园的桃花盛开时，关语姐姐常驻足欣赏，还和好友来过一次“突如其来”的浪漫春日约会。那是 2022 年 3 月的一个傍晚，关语姐姐一人在家，月色下桃花开得正好，便拍了张照给好友，过了个把小时朋友竟然提着一瓶白酒来到家里。

于是两人在皎洁的月色、盛开的桃树旁，饮酒闲谈，沉醉在那个春风撩动树梢、花香和酒香萦绕的夜晚……天气好时，关语姐姐的丈夫会早早起来，在花园或菜地里拾掇。关语姐姐做好早餐，便会端去二层花园的休闲区，扯起嗓子喊丈夫来吃饭。那个情景，颇有点像“村子里老妞叫老头回家吃饭”的感觉。早餐很简单，鸡蛋牛奶粗粮水果，但是因为在花园里用餐，总觉得格外美味。

露台烧烤区

三层四层瓜果蔬菜很多，想要丰收，日

常的浇水、除草、修剪、施肥一样都不能落。关语姐姐常和老公挽起袖子，一起劳作。忙碌了一个下午后，月亮时隐时现，微风轻轻吹过，泡一杯茶，打开音乐，坐在四层花园的秋千上，享受劳动后的惬意。

妈妈是关语姐姐花园的常客。老人家今年 78 岁了，很喜欢在花园里待着。有一次还带了 4 位老姐妹来花园看花。阿姨们满头银丝，精神满满，一进门脚都不歇，直奔屋顶花园，披着各色纱巾、戴着墨镜，跳舞、拍照，像十几岁的姑娘一般精力十足，一问年龄，最大的有 86 岁！

因为有花园，和朋友相聚得更多了。每逢节假日，关语姐姐会带亲友去菜园现摘瓜果蔬菜，关语姐姐的丈夫，便在厨房忙前忙后。蔬菜丰产的时候，还会给亲戚好友带点回家。这个过程里，有在外面吃饭所没有的乐趣，有小时候老家的温暖。

花开的季节，厨房的窗台上，总会有一瓶鲜花。厨房里还装了蓝牙音箱。拥有音乐、鲜花的厨房，做的每一道菜都是幸福的味道。

这样诗意恬淡的慢生活，是多少都市人心中的梦想？忙忙碌碌大半辈子，用时 6 年，关语姐姐和丈夫终于把平凡的生活过成了诗，时常觉得感恩、满足。关语姐姐的丈夫还会不时赋诗几首，如这首写莲花的诗：

美丽的忧伤

一朵美丽的忧伤
在池塘边
静静开放
听不见风的脚步
阳光也不来探望
只有天真的小鱼儿
围着她
捉迷藏
她心里那许多
神的旨意
爱的向往
将怎样散布人间
又将怎样
上传天堂

Q: 楼顶防水、防风、夏季遮阳问题是如何解决的？有什么经验教训吗？

A: 楼顶做好防水非常重要。当年我们做水池防水时，没有打到原始基层，结果等于白做，反复搞了好几次才解决问题。

防风主要考虑高大植物。栽种时就应避开风口，或靠近建筑。

防晒没有刻意采取措施，只要保证水足就行。大型一点的植物都用防窜根爱丽丝桶，为了美观可连桶一起埋在土里或用原木围上。

Q: 关于设计搭配、植物养护可以分享一些小妙招吗？

A: 如果建造有花有果的花园，需要搭配好花园架子，花池宽度一般1m，可以设置三层。靠外墙可栽高大的灌木或攀缘植物，如蓝花茄、合欢、三角梅。中间栽各类应季花草，如松果菊，里面栽垂吊花草，如过路黄、天竺葵、美女樱。花草间还可放置石头、枯木等，既可点缀又能踩脚，方便花园打理。一进家门最喜欢的就是门口的琴叶榕，室内养护需要注意：春天萌芽之前去掉老叶子，过冬要保护，盆土要时常保持湿润。

Q: 根据种植经验，表现较好的蔬菜瓜果有哪些呢，可以种植哪些伴生植物呢？

A: 我们种的香草类植物比较多，像迷迭香、薄荷、葱、芹菜、韭菜、香菜；瓜果有桃子、李子、苹果、丝瓜、南瓜、黄瓜、茄子、辣椒、冬瓜、西瓜、葫芦瓜，但葫芦是用来欣赏的，并没有吃它。伴生植物可以选择一些比较矮丛的植物，如蕨类、松果菊、天竺葵、美女樱等。

二层花园的花墙和七弦音符装饰

每到夏天，新鲜的番茄、四季豆根本吃不完

楼顶花园

大姚的花园

——河南郑州，室内设计师的花园，休闲与种花结合，浅色系搭配模板

花园的名称：大姚的花园

坐标：郑州

朝向：南露台

园龄：4 年

花园面积：$35m^2$

光照时长：东西两面都有墙，宽 9m 左右，除了墙边区域，基本全日照

花园特点：休闲与种花结合的多功能花园

提起怎么看待花园，大姚用她很喜欢的园艺师 Piet Oudolf 的话回答：“人们在花园里看见的，不应该只有花开，而是藏在草木四季枯荣之间，生命的力量和巨大的感动。”

因此她的花园一年四季都有不一样的风景，浪漫又美好。

这个绿意盎然的梦，从小就开始了

从童年时期开始，大姚就很喜欢植物，这份热爱也从幼年延续至今。小时候在农家院子里，大姚的爸爸妈妈就种了许多花草，这也是她有关植物的启蒙。

后来大学毕业在上海工作，虽然租的是小小的阁

白木香和欧洲木绣球

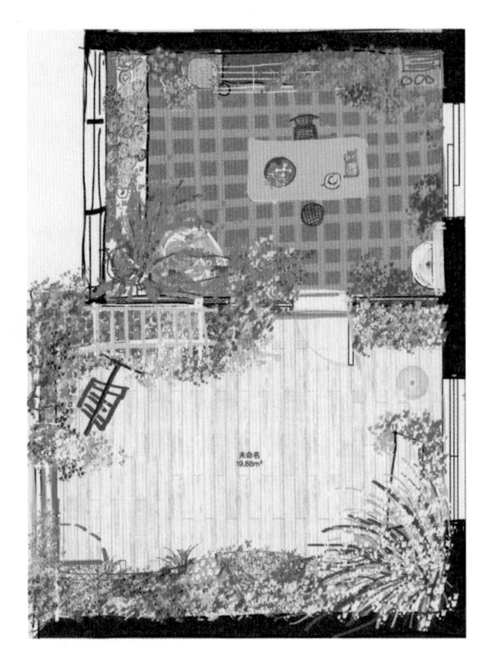

大姚手绘的花园设计图

铁线莲‘乌托邦’

现在的花园

楼，但仍然在飘窗上种满了各式的多肉；再后来搬家也依旧没有阳台，就在窗台上养，甚至连窗帘杆都利用了起来，挂满各式植物。

“我觉得喜欢花是我的天性，我天生就是一个喜欢种花弄草的人，在花园里干活就是最让我放松身心的事情。”

现在住的房子是一个六跃七的顶层复式，一个 20 年的老房子，没有电梯，车位也紧张。但是胜在小区绿化特别好，春天有很多开花的树，大姚一眼就看中了它。于是顶着全家反对的压力，买下了这套老房子。

打造花园不是一劳永逸

大姚之前是从业十几年的独立软装设计师，对于花园设计她有自己的想法和追求，整个花园从设计到落地，都是自己完成的。

原露台有 33m^2，大姚将其中 20m^2 的面积做成了露天花园，让植物可以更多地感受自然环境。因为是北方，有些植物不耐寒，所以另外 13m^2 面积用来装上暖气，搭了一个阳光花房。

露台花园最难的应该是做防水、排水，花园下面用了蓄排水板、土工布、陶粒，栽种的土也是疏松、透气、不板结的。

植物搭配首先从色彩方面入手，然后是层次结构。花园是以色调来分区打造的，从白色区域，过渡到黄色系，然后是粉紫色系，也会有一些小的盆栽穿插点缀，与其他区域色调呼应，能让整个花园看起来更协调。

花园最大的骨架植物是白色的木香，它奠定了花园的主基调，从屋檐垂下来仙仙的，超美。可惜花期太短，只有 4 月一个月，而这个月也是一年当中花园最美的时候了，现在也是每年全家福的固定拍照点。

围绕木香做了一个白色为主的小花境，主要是欧洲木绣球、风车茉莉、铁线莲、白色绣球，还有每年都会种的洋水仙、郁金香，添一些黄色和紫色，中和一下白色的清冷，让整体更活泼一些。

白木香对面是拱门区，白色的拱门配上绿色的木门，整体配色都很清新，加上紫色的‘自由精神’和‘蓝色阴

木香下的小花境

雨'，这样就柔美起来了。

最后过渡到绣球、蓝雪花、百子莲为主的蓝色秋千花境区，夏天月季落幕，就是清凉的蓝色系。

阳光房这边最吸引眼球的是一棵三角梅。这是花园的第一棵植物，房子还没有装修好就种下了，一直被大姚当作镇宅之宝养着。一到花期，花开满树，春天坐在树下的沙发上打个盹儿，夏天的晚上坐在那儿吹吹风，都是极美的。

大姚还在努力研究了解更多的植物，想让花园的花境在不同季节呈现不同的色调。这是一个长期的实践过程，要慢慢来，这也是目前她在花园的主要工作内容。

"打造花园肯定"不是"一劳永逸的事情，当你入了这个坑，就很难有满意的一天，会不断地想要调整它们的位置，尝试不同的组合形式。直到自己累得干不动为止，因为它是个体力活啊。"

每年的全家福

花园的‘蓝色阴雨’

花园不是负担，是生活的地方

花园不应该是我们的负担，而是我们可以放松身心，休养生息的地方——喝茶赏花，亲朋欢聚，陪伴小孩成长。

“现在最让我感到幸福的，一个是我的小男神（宝宝），另一个就是我的花园。”大姚说。

为了更好地享受花园，大姚在对花园功能设计的时候就留下了秋千休闲区，和露台中间的一大块空地，因为家里的“小男神”很爱玩水。小男神每天起床第一句话就是：“妈妈，我们去花园儿吧！”然后看看草莓红了没有，要去摸摸蓝莓，小葡萄和无花果，跟妈妈一起找蚯蚓……

小朋友在花园里认识了很多植物，也会帮妈妈干一些力所能及的事情，很多的亲子时间都在这里度过。没有手机，没有动画，变得更亲密，更快乐。

大姚也会约上好友来上一场夏夜花园烧烤，或是冬日花房吃火锅……这个花园就这样慢慢变成了大姚设计图里的样子，也成了许多花友的“梦中情园”。

园艺让我有了使命感

大姚的奋斗目标是早日退休，回到家乡，有一个大大的花园：花园里有一个大大的阳光花房，有一个种满蔬菜的菜园，有爱的家人，有一条能看家护院的大狗……

“种花这件事，一旦开始就停不下脚步。”

现在大姚在老家的村子里，着手考察新的花园选址，还结识了一个古村落的村主任，他也很爱花。他们一起聊种花，想到做花园农场，甚至乡村振兴。

“这我有点受宠若惊，突然让我有了一种使命感。没想到种花也能种到为社会、为自己的家乡有一些贡献，让我对以后的生活有了更多的期待。也许将来，花园生活会有越来越多的人喜欢。”

阳光房里的三角梅

月季‘玛格丽特王妃’‘蓝色阴雨’‘粉色龙沙宝石’‘瑞典女王’

Q：可以给所在地区的花友们推荐一些适合的植物吗?

A：我所在的地区是河南郑州，气候属于八区。

推荐欧洲木绣球、中华木绣球、月季、白木香、铁线莲，这些都很合适。

月季除了夏天容易生病以外，其他季节就是还挺好打理的。都说月季是药罐子，但是我属于不打药的那一派。我唯一一次打药，就是因为白粉病，因为我感觉白粉病还挺严重，不管它，明年真的就没有花看。

大姚的植物选择小 tips

1. 首先要选择适合自己当地气候的植物，包括温度、环境。

2. 然后是色系，过多不同色系的植物，容易让花园显得杂乱。

3. 考虑植物的长势，尤其是阳台种花族和露台族，要考虑自身面积，不能选长得太高大的植物。

4. 考虑到不同季节的植物花期，除了固定的一些能耐寒的主体植物，大姚还会在秋天播种很多草花，春天温暖了再下地，虽然是一年生的，但每年换着来种，也是蛮不错，也有新鲜感。

5. 最后一点，是想到什么就去做，不要想太多，干就完啦。别人的经验可以参考，但是自己积累出来的经验才是能切实体会到的，不要怕错，错了才能学到东西嘛。

小朋友们在花园

白绿色让花园看上去更纯净

花韭和墨西哥飞蓬

花园阳光房一角

阳光房晚餐

摄影　小夏